T0198931

essentials

essentials liefern aktuelles Wissen in konzentrierter Form. Die Essenz dessen, worauf es als „State-of-the-Art" in der gegenwärtigen Fachdiskussion oder in der Praxis ankommt. *essentials* informieren schnell, unkompliziert und verständlich

- als Einführung in ein aktuelles Thema aus Ihrem Fachgebiet
- als Einstieg in ein für Sie noch unbekanntes Themenfeld
- als Einblick, um zum Thema mitreden zu können

Die Bücher in elektronischer und gedruckter Form bringen das Expertenwissen von Springer-Fachautoren kompakt zur Darstellung. Sie sind besonders für die Nutzung als eBook auf Tablet-PCs, eBook-Readern und Smartphones geeignet. *essentials:* Wissensbausteine aus den Wirtschafts-, Sozial- und Geisteswissenschaften, aus Technik und Naturwissenschaften sowie aus Medizin, Psychologie und Gesundheitsberufen. Von renommierten Autoren aller Springer-Verlagsmarken.

Weitere Bände in der Reihe http://www.springer.com/series/13088

Sebastian Lempert · Alexander Pflaum

Funktionalität und Standardunterstützung von IoT-Software-Plattformen

HMD Best Paper Award 2019

Sebastian Lempert
Fraunhofer-Arbeitsgruppe für Supply
Chain Services des Fraunhofer IIS
Nürnberg, Deutschland

Alexander Pflaum
Fraunhofer-Arbeitsgruppe für Supply
Chain Services des Fraunhofer IIS
Nürnberg, Deutschland

ISSN 2197-6708 ISSN 2197-6716 (electronic)
essentials
ISBN 978-3-658-32671-5 ISBN 978-3-658-32672-2 (eBook)
https://doi.org/10.1007/978-3-658-32672-2

Die Deutsche Nationalbibliothek verzeichnet diese Publikation in der Deutschen Nationalbibliografie; detaillierte bibliografische Daten sind im Internet über http://dnb.d-nb.de abrufbar.
Das essential ist die überarbeitete Version des Artikels: U. Matter: Big Public Data aus dem Programmable Web: Chancen und Herausforderungen. HMD – Praxis der Wirtschaftsinformatik 329 (2019) 56: 1068–1081. https://doi.org/10.1365/s40702-019-00525-6

Planung/Lektorat: Sybille Thelen
Springer Vieweg ist ein Imprint der eingetragenen Gesellschaft Springer Fachmedien Wiesbaden GmbH und ist ein Teil von Springer Nature.
Die Anschrift der Gesellschaft ist: Abraham-Lincoln-Str. 46, 65189 Wiesbaden, Germany

Was Sie in diesem *essential* finden können

- Taxonomie und Referenzarchitektur zur Beschreibung der Funktionalität von IoT-Software-Plattformen
- Taxonomie und Internet-Referenzmodell zur Beschreibung der Standardunterstützung von IoT-Software-Plattformen
- Vergleich und Bewertung der Funktionalität und Standardunterstützung von IoT-Software-Plattformen

Geleitwort

Der prämierte Beitrag

Der prämierte Beitrag „Vergleichbarkeit der Funktionalität von IoT-Software-Plattformen durch deren einheitliche Beschreibung in Form einer Taxonomie und Referenzarchitektur“ von Sebastian Lempert und Alexander Pflaum stellt sehr anschaulich dar, dass mit der zunehmenden Verbreitung und Bedeutung des „Internet der Dinge“ auch die Bedeutung von IoT-Software-Plattformen als zentraler Bestandteil von IoT-Systemen zunimmt. Aufgrund des geschätzten Marktpotenzials von 15 Mrd. € im Jahr 2020 konkurrieren derzeit über 450 Anbieter miteinander. Da IoT-Software-Plattformen komplexe Lösungen darstellen und unterschiedliche Plattformen unterschiedliche Funktionalitäten aufweisen, führt diese Vielfalt zu einem intransparenten Markt. Folglich stehen Unternehmen, die eine IoT-Anwendung unter Weiternutzung ihrer bestehenden IT-Infrastruktur umsetzen wollen, vor der Herausforderung, die für diesen unternehmensspezifischen Anwendungsfall am besten geeignete IoT-Software-Plattform aus einer Vielzahl von Kandidaten auszuwählen. Dabei stellt die Funktionalität einer IoT-Software-Plattform ein wesentliches Bewertungs- und Auswahlkriterium dar. Allerdings müssen Praktiker zahlreiche Unterlagen mit heterogenen Beschreibungen auf unterschiedlichen Abstraktionsniveaus aus verschiedenen Quellen wie offiziellen Webseiten, Produktbroschüren, Datenblättern, Entwicklerdokumentationen und Marktstudien zeitaufwändig zusammentragen und auswerten, um die Funktionalität der verschiedenen am Markt angebotenen IoT-Software-Plattformen zu verstehen und vergleichen zu können.

Vor diesem Hintergrund leiten Lempert und Pflaum in ihrem Beitrag die Funktionalität einer vollständigen IoT-Software-Plattform mit Hilfe einer qualitativen Inhaltsanalyse aus verfügbaren Unterlagen der wichtigsten am Markt verfügbaren Plattformen ab und beschreiben diese in Form einer Taxonomie und darauf aufbauenden Referenzarchitektur. Dabei werden aufeinander aufbauende Kernfunktionen, die innerhalb der Referenzarchitektur aufgrund ihrer inhaltlichen Nähe und aufgrund ihrer Beziehungen untereinander angeordnet wurden, von Querschnittsfunktionen unterschieden, die in allen Bereichen einer IoT-Software-Plattform zum Tragen kommen. Zudem werden im Beitrag die Kommunikationsprotokolle, die im Rahmen der qualitativen Inhaltsanalyse identifiziert wurden, in die vier aufeinander aufbauenden Schichten des Internet-Referenzmodells eingeordnet.

Die Aktualität des im Beitrag von Lempert und Pflaum behandelten Themas „Vergleichbarkeit der Funktionalität von IoT-Software-Plattformen", sowie sein Fokus auf eine einheitliche Beschreibung in Form einer Taxonomie und Referenzarchitektur, die Praktiker in der Lage versetzt, die Funktionalität der am Markt verfügbaren IoT-Software-Plattformen schneller verstehen und untereinander besser vergleichen zu können, waren die ausschlaggebenden Kriterien, die die HMD-Jury zur Prämierung des Beitrags für den HMD Best Paper Award 2019 bewogen haben.

Die HMD – Praxis der Wirtschaftsinformatik und der HMD Best Paper Award

Alle HMD-Beiträge basieren auf einem Transfer wissenschaftlicher Erkenntnisse in die Praxis der Wirtschaftsinformatik. Umfassendere Themenbereiche werden in HMD-Heften aus verschiedenen Blickwinkeln betrachtet, sodass in jedem Heft sowohl Wissenschaftler als auch Praktiker zu einem aktuellen Schwerpunktthema zu Wort kommen. Den verschiedenen Facetten eines Schwerpunktthemas geht ein Grundlagenbeitrag zum State of the Art des Themenbereichs voraus. Damit liefert die HMD IT-Fach- und Führungskräften Lösungsideen für ihre Probleme, zeigt ihnen Umsetzungsmöglichkeiten auf und informiert sie über Neues in der Wirtschaftsinformatik. Studierende und Lehrende der Wirtschaftsinformatik erfahren zudem, welche Themen in der Praxis ihres Faches Herausforderungen darstellen und aktuell diskutiert werden.

Wir wollen unseren Lesern und auch solchen, die HMD noch nicht kennen, mit dem „HMD Best Paper Award" eine kleine Sammlung an Beiträgen an die Hand geben, die wir für besonders lesenswert halten, und den Autoren, denen wir diese Beiträge zu verdanken haben, damit zugleich unsere Anerkennung zeigen. Mit dem „HMD Best Paper Award" werden alljährlich die drei besten Beiträge eines Jahrgangs der Zeitschrift „HMD – Praxis der Wirtschaftsinformatik" gewürdigt. Die Auswahl der Beiträge erfolgt durch das HMD-Herausgebergremium und orientiert sich an folgenden Kriterien:

- Zielgruppenadressierung
- Handlungsorientierung und Nachhaltigkeit
- Originalität und Neuigkeitsgehalt

- Erkennbarer Beitrag zum Erkenntnisfortschritt
- Nachvollziehbarkeit und Überzeugungskraft
- Sprachliche Lesbarkeit und Lebendigkeit

Alle drei prämierten Beiträge haben sich in mehreren Kriterien von den anderen Beiträgen abgesetzt und verdienen daher besondere Aufmerksamkeit. Neben dem Beitrag von Sebastian Lempert und Alexander Pflaum wurden ausgezeichnet:

- G. König, R. Kugel: DevOps – Welcome to the Jungle. HMD – Praxis der Wirtschaftsinformatik 326 (2019) 56: 289 – 300. https://doi.org/10.1365/s40702-019-00507-8
- U. Matter: Big Public Data aus dem Programmable Web: Chancen und Herausforderungen. HMD – Praxis der Wirtschaftsinformatik 329 (2019) 56: 1068–1081. https://doi.org/10.1365/s40702-019-00525-6

Die HMD ist vor mehr als 50 Jahren erstmals erschienen: Im Oktober 1964 wurde das Grundwerk der ursprünglichen Loseblattsammlung unter dem Namen „Handbuch der maschinellen Datenverarbeitung" ausgeliefert. Seit 1998 lautet der Titel der Zeitschrift unter Beibehaltung des bekannten HMD-Logos „Praxis der Wirtschaftsinformatik", seit Januar 2014 erscheint sie bei Springer Vieweg. Verlag und HMD-Herausgeber haben sich zum Ziel gesetzt, die Qualität von HMD-Heften und -Beiträgen stetig weiter zu verbessern. Jeder Beitrag wird dazu nach Einreichung doppelt begutachtet: Vom zuständigen HMD- oder Gastherausgeber (Herausgebergutachten) und von mindestens einem weiteren Experten, der anonym begutachtet (Blindgutachten). Nach Überarbeitung durch die Beitragsautoren prüft der betreuende Herausgeber die Einhaltung der Gutachtervorgaben und entscheidet auf dieser Basis über Annahme oder Ablehnung.

Walldorf Stefan Meinhardt

Bibliographische Informationen

S. Lempert, A. Pflaum: Vergleichbarkeit der Funktionalität von IoT-Software-Plattformen durch deren einheitliche Beschreibung in Form einer Taxonomie und Referenzarchitektur. HMD – Praxis der Wirtschaftsinformatik 330 (2019) 56: 1178 – 1203. https://doi.org/10.1365/s40702-019-00562-1

Inhaltsverzeichnis

1 Einleitung und Motivation

1.1 Die Bewertung und Auswahl einer geeigneten IoT-Software-Plattform wird durch hohe Produktvielfalt und uneinheitliche Produktbeschreibungen erschwert

Mit der zunehmenden Verbreitung und Bedeutung des Internet der Dinge (engl.: Internet of Things, IoT) nimmt auch die Bedeutung von IoT-Software-Plattformen als zentraler Bestandteil von IoT-Systemen zu (Guth et al. 2016). Dabei sind IoT-Software-Plattformen aus einer Vogelperspektive zuständig für die Verwaltung und Kontrolle der mit der Plattform verbundenen IoT-Geräte, die Sammlung, Speicherung und Verarbeitung von Daten von diesen Geräten sowie für die Bereitstellung von Werkzeugen zur Entwicklung, Veröffentlichung und Nutzung von Anwendungen, die von den erfassten Daten profitieren (Bhatia et al. 2017; Toivanen et al. 2015).

Die Bedeutung von IoT-Software-Plattformen lässt sich auch an der Größe des zugehörigen Marktes ablesen: Schätzungen der Boston Consulting Group zufolge werden im Jahr 2020 für das IoT weltweit insgesamt 250 Mrd. EUR ausgegeben, wovon 15 Mrd. EUR auf IoT-Software-Plattformen entfallen (Bhatia et al. 2017). Aufgrund dieses Marktpotenzials konkurrieren derzeit über 450 Anbieter miteinander (Bhatia et al. 2017; IoT Analytics 2017).

Vollständig überarbeiteter und erweiterter Beitrag basierend auf Lempert & Pflaum (2019) Vergleichbarkeit der Funktionalität von IoT-Software-Plattformen durch deren einheitliche Beschreibung in Form einer Taxonomie und Referenzarchitektur, HMD – Praxis der Wirtschaftsinformatik, 56(6):1178–1203.

S. Lempert und A. Pflaum, *Funktionalität und Standardunterstützung von IoT-Software-Plattformen*, essentials, https://doi.org/10.1007/978-3-658-32672-2_1

In Verbindung mit der Tatsache, dass IoT-Software-Plattformen komplexe Lösungen darstellen und unterschiedliche Plattformen unterschiedliche Funktionalitäten aufweisen, führt diese Vielfalt zu einem intransparenten Markt (Emeakaroha et al. 2015). Zusätzlich müssen potentielle Anwender damit umgehen, dass trotz dieser Vielfalt keine IoT-Software-Plattform existiert, die für beliebige IoT-Anwendungsszenarien gleichermaßen geeignet ist (Pelino und Voce 2017; Balamuralidhara et al. 2013).

Folglich stehen Unternehmen, die eine IoT-Anwendung unter Weiternutzung ihrer bestehenden IT-Infrastruktur umsetzen wollen, vor der Herausforderung, die für diesen unternehmensspezifischen Anwendungsfall am besten geeignete IoT-Software-Plattform aus einer Vielzahl von Kandidaten auszuwählen.

1.2 Die Funktionalität und die Standardunterstützung unterschiedlicher IoT-Software-Plattformen lassen sich mithilfe einer Taxonomie und einer darauf aufbauenden Referenzarchitektur und dem Internet-Referenzmodell einheitlich beschreiben

Sowohl die Funktionalität einer IoT-Software-Plattform als auch deren Standardunterstützung stellen wesentliche Bewertungs- und Auswahlkriterien dar. Um jedoch die Funktionalität und die Standardunterstützung der verschiedenen am Markt angebotenen IoT-Software-Plattformen zu verstehen, müssen Praktiker zahlreiche Unterlagen mit heterogenen Beschreibungen auf unterschiedlichen Abstraktionsniveaus aus verschiedenen Quellen wie offiziellen Webseiten, Produktbroschüren, Datenblättern, Entwicklerdokumentationen und Marktstudien zeitaufwändig zusammentragen und auswerten. Ein Vergleich der Funktionalität und der Standardunterstützung unterschiedlicher IoT-Software-Plattformen ist auf dieser Basis nicht ohne weiteres möglich.

Um diese Lücke zu füllen wurden in diesem Beitrag 111 solcher Dokumente mit einem Umfang von insgesamt 3251 Seiten im Rahmen einer qualitativen Inhaltsanalyse ausgewertet, um eine hierarchische Taxonomie und darauf aufbauend eine Referenzarchitektur abzuleiten, die für das Verständnis und die Analyse der Funktionalität der am Markt verfügbaren IoT-Software-Plattformen nützlich ist, Praktikern einen schnellen Einstieg ermöglicht und die Grundlage für den Vergleich der Funktionalität unterschiedlicher IoT-Software-Plattformen bildet. Ergänzend wurden die mithilfe der qualitativen Inhaltsanalyse identifizierten

Kommunikationsprotokolle, die eine IoT-Software-Plattform theoretisch unterstützen kann, in die vier unterschiedlichen Schichten des Internet-Referenzmodells eingeordnet, um auch die Standardunterstützung von IoT-Software-Plattformen einheitlich abbilden zu können. Dem Ansatz von McLaren und Vuong (2008) folgend beschreiben die ausgewerteten Dokumente die Funktionalität und die Standardunterstützung der IoT-Software-Plattformen der sieben wichtigsten Anbieter, zu denen Amazon, Google, Huawei, IBM, Microsoft, PTC und SAP zählen.

Vor diesem Hintergrund untersucht der vorliegende Beitrag die folgenden Forschungsfragen:

- Welche Funktionen weist eine vollständige IoT-Software-Plattform theoretisch auf und welche Kommunikationsprotokolle unterstützt eine solche IoT-Software-Plattform theoretisch?
- Wie sehen eine Taxonomie und eine darauf aufbauende Referenzarchitektur für am Markt existierende IoT-Software-Plattformen aus, welche diese Funktionen aufgrund ihrer inhaltlichen Nähe und aufgrund ihrer Beziehungen untereinander strukturiert darstellen?
- Wie lässt sich die Funktionalität einer IoT-Software-Plattform mithilfe der Referenzarchitektur vergleichen und bewerten?
- Wie lassen sich die von einer IoT-Software-Plattform unterstützten Kommunikationsprotokolle mithilfe des Internet-Referenzmodells vergleichen und bewerten?

Um diese Fragen zu beantworten gliedert sich der Beitrag wie folgt: zunächst widmet sich Kap. 2 dem fachlichen Umfeld und untersucht, inwiefern existierenden Arbeiten, die sich mit Taxonomien oder Referenzarchitekturen für IoT-Software-Plattformen beschäftigen, deren Funktionalität bzw. Standardunterstützung angemessen widerspiegeln. Danach wird in Kap. 3 beschrieben, wie mithilfe einer qualitativen Inhaltsanalyse eine Taxonomie zur Beschreibung der Funktionalität einer IoT-Software-Plattform abgeleitet wurde. Darauf aufbauend werden in Kap. 4 ausgehend von dieser Taxonomie eine Referenzarchitektur für IoT-Software-Plattformen abgeleitet und deren Kern- und Querschnittsfunktionen im Detail beschrieben. Zudem werden die im Rahmen der qualitativen Inhaltsanalyse identifizierten Kommunikationsprotokolle, die eine IoT-Software-Plattform theoretisch unterstützen kann, in die vier aufeinander aufbauenden Schichten des Internet-Referenzmodells eingeordnet. Im Anschluss daran veranschaulicht Kap. 5, wie die erarbeitete Referenzarchitektur sowie das erarbeitete Internet-Referenzmodell im Rahmen von Projekten zur Bewertung und Auswahl der am besten geeigneten IoT-Software-Plattform aus einer Menge von Kandidaten eingesetzt werden können. Kap. 6 schließt diesen Beitrag ab, indem Implikationen für Wissenschaft und Praxis aufgezeigt sowie die mit dieser Arbeit einhergehenden Einschränkungen und darauf aufbauende Anknüpfungspunkte für die zukünftige Forschung diskutiert werden.

Verwandte Arbeiten 2

2.1 Taxonomien und Referenzarchitekturen allgemein

Taxonomien (synonym: Typologien, Klassifizierungen) spielen eine wichtige Rolle in Forschung und Management, da die Klassifizierung von Forschungsgegenständen Wissenschaftlern und Praktikern hilft, komplexe Bereiche zu verstehen und zu analysieren: Taxonomien helfen, Wissen zu strukturieren und zu organisieren, ansonsten ungeordnete Konzepte zu ordnen und ermöglichen es Forschern, über die Beziehungen zwischen diesen Konzepten zu postulieren (Nickerson et al. 2013). Dabei werden Taxonomien gleichzeitig als eigenständige Theorien und als Grundlage für darauf aufbauende Theorien verstanden, wobei jede Theorieart als gleichermaßen wichtig angesehen wird Gregor (2006) und Doty und Glick (1994). Zudem bilden Taxonomien im Bereich der Wirtschaftsinformatik eine Grundlage für Referenzarchitekturen und unterstützen deren Ziel der Standardisierung (Reidt et al. 2018). Referenzarchitekturen eignen sich wiederum für den Vergleich unterschiedlicher Produkte wie Integrationsplattformen (Engels et al. 2009), zu denen auch IoT-Software-Plattformen gezählt werden können.

2.2 Taxonomien und Referenzarchitekturen für IoT-Software-Plattformen

In der wissenschaftlichen Literatur finden sich Arbeiten, die sich mit Taxonomien oder Referenzarchitekturen für IoT-Software-Plattformen beschäftigen. Zu den frühesten Arbeiten zählen die beiden aufeinander aufbauenden Artikel von Lempert und Pflaum (2011a) und (2011b), welche aus einer kleinen Anzahl von

S. Lempert und A. Pflaum, *Funktionalität und Standardunterstützung von IoT-Software-Plattformen*, essentials, https://doi.org/10.1007/978-3-658-32672-2_2

Forschungsprojekten funktionale Anforderungen an eine IoT-Software-Plattform ableiten und auf dieser Basis eine abstrakte Software-Architektur für zukünftige Plattformen vorschlagen. Die Arbeit von da Cruz et al. (2018) sowie die aufeinander aufbauenden Arbeiten von Guth et al. (2016) und Guth et al. (2018) leiten jeweils unterschiedliche Referenzarchitekturen für IoT-Gesamtsysteme ab, in welchen IoT-Software-Plattformen neben anderen Komponenten eines IoT-Systems lediglich in einer vglw. hohen Abstraktionsebene und ohne Bezug zu deren Funktionalität enthalten sind. Hoffmann (2018) leitet ausgehend von einem abstrakten Referenzmodell für die Industrie 4.0 auf Basis der morphologischen Methode drei unterschiedliche Typen von IoT-Software-Plattformen ab, die sich aufgrund ihrer Funktionalität voneinander unterscheiden und ordnet diese Typen 13 ausgewählten IoT-Software-Plattformen zu. In dem Artikel von Hodapp et al. (2019) wird eine Taxonomie für Geschäftsmodelle von IoT-Software-Plattformen vorgestellt, welche deren Funktionalität nur am Rande erwähnt. In dem Forschungsbericht von Gluhak et al. (2016) wird eine abstrakte Architektur mit acht Schichten und insgesamt 15 Funktionen verwendet, anhand derer 27 IoT-Software-Plattformen gegenübergestellt werden, allerdings bleibt unklar, wie diese Funktionen ermittelt wurden und ob diese eine IoT-Software-Plattform funktional vollständig beschreiben können.

Ein ähnliches Bild ergibt sich bei der Sichtung der nicht-wissenschaftlichen Literatur. In den Entwicklerdokumentationen von Microsoft (2018), SAP (2016) und Fremantle (2015) werden Referenzarchitekturen vorgestellt, die keinen Anspruch auf Allgemeingültigkeit erheben und ausschließlich das Ökosystem der jeweils hauseigenen IoT-Software-Plattform beschreiben. In dem Whitepaper von Cisco Systems (2014) sowie in den aufeinander aufbauenden Whitepapers von IBM (2017) und IBM (2018) werden jeweils unterschiedliche abstrakte Architekturen für IoT-Gesamtsysteme vorgeschlagen, in welchen IoT-Software-Plattformen neben anderen Komponenten eines IoT-Systems lediglich in einer vglw. hohen Abstraktionsebene enthalten sind. In dem Whitepaper von Crook et al. (2017) werden zwar eine Taxonomie sowie eine zugehörige Referenzarchitektur für IoT-Software-Plattformen, nicht jedoch die während deren Erstellung verwendete Methodik beschrieben, sodass deren Eigenschaften nicht eingeschätzt werden können und unklar bleibt, ob sich IoT-Software-Plattformen auf dieser Basis vollständig beschreiben lassen. Dieselbe Einschränkung gilt für die abstrakte Architektur für IoT-Software-Plattformen, welche in den aufeinander aufbauenden Whitepapers von MachNation (2017) und MachNation (2020) beschrieben ist. Krause et al. (2017) arbeiten in ihrer Marktstudie zwar auf Basis einer Umfrage unter ausgewählten Anbietern mit Vertriebs- und Supportnetz im deutschsprachigen Raum ein breites Spektrum funktionaler und nicht-funktionaler

Eigenschaften von IoT-Software-Plattformen heraus, verwenden aber zum Vergleich der Plattformen dieser Anbieter ein vglw. abstraktes Referenzmodell welches deren Funktionalität nur aus einer Vogelperspektive widerspiegelt. In ähnlicher Weise ordnet die Marktstudie von Hoffmann et al. (2019) ausgehend von einer Umfrage funktionale und nicht-funktionale Eigenschaften von acht IoT-Plattformen für den Bereich Produktion und Industrie 4.0 in ein abstraktes Referenzmodell ein.

Abschließend stellt Tab. 2.1 die o.g. Vorarbeiten gegenüber und ordnet diese systematisch ein. Vor diesem Hintergrund erarbeitet der vorliegende Beitrag ausgehend von den sieben wichtigsten am Markt verfügbaren IoT-Software-Plattformen unter Einsatz der qualitativen Inhaltsanalyse als wissenschaftliche Methodik eine allgemeingültige und vollständige Taxonomie und darauf aufbauend eine Referenzarchitektur zur Beschreibung der Funktionalität von IoT-Software-Plattformen, welche insgesamt 51 Funktionen umfasst, die in 12 Funktionsblöcke eingeordnet werden. Zusätzlich werden die im Rahmen der qualitativen Inhaltsanalyse identifizierten 59 Kommunikationsprotokolle in die vier aufeinander aufbauenden Schichten des Internet-Referenzmodells eingeordnet.

Tab. 2.1 Verwandte Arbeiten mit Taxonomien oder Referenzarchitekturen für IoT-Software-Plattformen. (Quelle: Eigene Darstellung)

Literaturverweis	Literaturart	Methodik	FE	NFE	KP	#IoT	TAX	RA	#Fkt	Fokus
Cisco Systems (2014)	Whitepaper	Referenzmodellierung		–	–	0	–	✓	n. a.	Referenzarchitektur für IoT-Gesamtsysteme
Crook et al. (2017)	Marktstudie	Nicht expliziert	✓	✓	–	33	✓	✓	8	Allgemeingültige Beschreibung der Funktionalität von IoT-Software-Plattformen
da Cruz et al. (2018)	Journalbeitrag	Survey, Referenzmodellierung	✓	✓	–	33	–	✓	6	Referenzarchitektur für IoT-Gesamtsysteme
Gluhak et al. (2016)	Forschungsbericht	Survey, Referenzmodellierung	✓	✓	–	27	–	✓	15	Vergleich unterschiedlicher IoT-Software-Plattformen anhand einer Referenzarchitektur
Guth et al. (2016)	Konferenzbeitrag	Referenzmodellierung	✓	–	–	4	–	✓	5	Vergleich unterschiedlicher IoT-Software-Plattformen anhand einer Referenzarchitektur
Guth et al. (2018)	Buchbeitrag	Referenzmodellierung	✓	–	–	8	–	✓	5	Vergleich unterschiedlicher IoT-Software-Plattformen anhand einer Referenzarchitektur

(Fortsetzung)

Tab. 2.1 (Fortsetzung)

Literaturverweis	Literaturart	Methodik	FE	NFE	KP	#IoT	TAX	RA	#Fkt	Fokus
Fremantle (2015)	Whitepaper	Anforderungsanalyse, Referenzmodellierung	✓	✓	✓	1	–	✓	8	Beschreibung der konkreten IoT-Software-Plattform WSO2 IoT Server
Hodapp et al. (2019)	Konferenzbeitrag	Systematische Literaturanalyse, Clusteranalyse	✓	✓	–	195	✓	–	6	Geschäftsmodelle für IoT-Software-Plattformen
Hoffmann (2018)	Dissertation	Morphologische Methode	✓	✓	–	13	–	✓	22	Kategorisierung von IoT-Software-Plattformen abhängig von deren Funktionalität
Hoffmann et al. (2019)	Marktstudie	Umfrage, Referenzmodellierung	✓	✓	–	8	–	✓	36	Vergleich unterschiedlicher IoT-Software-Plattformen anhand einer Referenzarchitektur
IBM (2017)	Whitepaper	Nicht expliziert	✓	–	–	0	–	✓	n. a.	Referenzarchitektur für IoT-Gesamtsysteme
IBM (2018)	Whitepaper	Nicht expliziert	✓	–	–	0	–	✓	n. a.	Referenzarchitektur für IoT-Gesamtsysteme

(Fortsetzung)

Tab. 2.1 (Fortsetzung)

Literaturverweis	Literaturart	Methodik	FE	NFE	KP	#IoT	TAX	RA	#Fkt	Fokus
Krause et al. (2017)	Marktstudie	Umfrage, Referenzmodellierung	✓	✓	✓	24	–	✓	10	Vergleich unterschiedlicher IoT-Software-Plattformen anhand einer Referenzarchitektur
Lempert und Pflaum (2011a)	Buchbeitrag	Anforderungsanalyse, Referenzmodellierung	✓	✓	–	6	–	✓	39	Allgemeingültige Beschreibung der Funktionalität von IoT-Software-Plattformen
Lempert und Pflaum (2011b)	Konferenzbeitrag	Anforderungsanalyse, Referenzmodellierung	✓	✓	✓	3	–	✓	37	Allgemeingültige Beschreibung der Funktionalität von IoT-Software-Plattformen
MachNation (2017)	Marktstudie	Nicht expliziert	✓	–	–	n. a.	–	✓	30	Allgemeingültige Beschreibung der Funktionalität von IoT-Software-Plattformen
MachNation (2020)	Marktstudie	Nicht expliziert	✓	–	–	n. a.	–	✓	32	Allgemeingültige Beschreibung der Funktionalität von IoT-Software-Plattformen

(Fortsetzung)

Tab. 2.1 (Fortsetzung)

Literaturverweis	Literaturart	Methodik	FE	NFE	KP	#IoT	TAX	RA	#Fkt	Fokus
Microsoft (2018)	Whitepaper	Nicht expliziert	✓	✓	✓	1	–	✓	n. a.	Beschreibung der konkreten IoT-Software-Plattform Microsoft Azure IoT anhand unterschiedlicher Architekturausprägungen
SAP (2016)	Whitepaper	Nicht expliziert	✓	✓	–	1	–	✓	13	Beschreibung der konkreten IoT-Software-Plattform SAP Cloud Platform Internet of Things

Legende: FE = Funktionale Eigenschaften, NFE = Nicht-funktionale Eigenschaften, KP = Kommunikationsprotokolle, #IoT = Anzahl berücksichtigte IoT-Software-Plattformen bzw. IoT-Anwendungsfälle, TAX = Taxonomie, RA = Referenzarchitektur, #Fkt = Anzahl Funktionen in der Taxonomie bzw. Referenzarchitektur, n.a. = nicht anwendbar

3 Methodik

3.1 Ermittlung der sieben wichtigsten IoT-Software-Plattformen

In der Arbeit von McLaren und Vuong (2008) wurde ausgehend von den Software-Lösungen für das Supply Chain Management (SCM) der sieben umsatzstärksten Anbieter eine Taxonomie für SCM-Software-Lösungen abgeleitet. In Anlehnung an diesen Ansatz wurden in dem vorliegenden Beitrag die sieben wichtigsten IoT-Software-Plattformen ermittelt, indem neben dem geschätzten Jahresumsatz auch die Platzierung in existierenden Rankings von Beratungs- und Marktforschungsunternehmen sowie die Anzahl der Zitationen in wissenschaftlichen und nicht-wissenschaftlichen Veröffentlichungen jeweils gleichgewichtet berücksichtigt wurden (vgl. Tab. 3.1, 3.2 und 3.3).

3.2 Durchführung einer qualitativen Inhaltsanalyse zur Ableitung einer Taxonomie auf Basis der Unterlagen der sieben wichtigsten IoT-Software-Plattformen

Als wissenschaftliche Methode zur Ableitung der Taxonomie zur Beschreibung der Funktionalität von IoT-Software-Plattformen sowie der von IoT-Software-Plattformen unterstützten Kommunikationsprotokolle kam eine qualitative Inhaltsanalyse zum Einsatz, wobei in Anlehnung an Nickerson et al. (2013) ein iterativer Prozess verwendet wurde, welcher es erlaubt, deduktive und induktive Analyseverfahren zu kombinieren und für den Erkenntnisgewinn unterschiedliche Sichtweisen einzunehmen. Dieser Ansatz wurde wie in Abb. 3.1 veranschaulicht um Elemente der qualitativen Inhaltsanalyse von Mayring (2015) erweitert.

S. Lempert und A. Pflaum, *Funktionalität und Standardunterstützung von IoT-Software-Plattformen*, essentials, https://doi.org/10.1007/978-3-658-32672-2_3

Tab. 3.1 Auswahlkriterien für die Ermittlung der sieben wichtigsten IoT-Software-Plattformen. (Quelle: Eigene Darstellung)

Auswahlkriterium	Quelle
Jahresumsatz	„Estimated externally generated IoT Platform Revenue 2016 (MUSD)" aus der Marktstudie IoT Analytics (2017)
Platzierung in Rankings	Sechs Marktstudien unterschiedlicher Beratungs- und Marktforschungsunternehmen, welche in Summe 18 verschiedene Rankings von IoT-Software-Plattformen enthalten (vgl. Tab. 3.2)
Anzahl Zitationen	Systematische Literaturanalyse zum Stand der Technik von IoT-Software-Plattformen der Autoren dieses Beitrags, in welcher mehr als 150 wissenschaftliche und nicht-wissenschaftliche Veröffentlichungen ausgewertet wurden

Ausgehend von der eingangs formulierten Forschungsfrage und den ermittelten sieben wichtigsten IoT-Software-Plattformen wurden die zu analysierenden Dokumente aus offiziellen Webseiten, Produktbroschüren, Datenblättern und Entwicklerdokumentationen zusammengetragen, wobei 111 Dokumente mit insgesamt 3251 Seiten ausgewertet wurden (vgl. Tab. 3.4).

Die Endbedingungen für den iterativen Prozess wurden von Nickerson et al. (2013) übernommen und gewährleisten, dass die verwendeten Kategorien eindeutig und überschneidungsfrei sind und dass in der letzten Iteration keine Kategorien hinzugefügt, verändert oder entfernt wurden. Als Analyseverfahren wurde zunächst eine deduktive Analyse ausgewählt, bei welcher als Startpunkt ein initiales Kategoriensystem aus der abstrakten Architektur von Lempert und Pflaum (2011a) und (2011b) abgeleitet wurde, welches nachfolgend direkt am Material präzisiert und angepasst wurde. Darauf aufbauend wurden in einem weiteren Durchgang im Rahmen einer induktiven Analyse zuvor unbekannte Konzepte aus dem Material abgeleitet und zu ergänzenden Kategorien zusammengefasst. Die dazugehörige Kodierung wurde während des gesamtes Prozesses in Anlehnung an Kuckartz (2018) computergestützt mithilfe der QDA-Software MAXQDA durchgeführt.[1] Die theoretische Sättigung bzw. die Einhaltung der Endbedingungen waren bei dem induktiven Durchgang bereits bei der Auswertung der Unterlagen des sechsten Anbieters erreicht, zur Absicherung wurden dennoch auch die Unterlagen des siebten Anbieters vollständig ausgewertet.

[1]QDA-Software bezeichnet Software für die computergestützte qualitative Inhaltsanalyse, dabei steht die Abkürzung QDA für „qualitative data analysis"; teilweise wird auch die Abkürzung CAQDAS für „computer-assisted qualitative data analysis software" verwendet.

Tab. 3.2 Ausgewertete Rankings von IoT-Software-Plattformen unterschiedlicher Beratungs- und Marktforschungsunternehmen. (Quelle: Eigene Darstellung)

Herausgeber	Titel	#Rankings	Literaturverweis
Crisp Research	Vergleich von IoT-Backend-Anbietern. Crisp Vendor Universe/Q1 2016	1	Büst et al. (2016)
Experton Group	Industrie 4.0/IoT Vendor Benchmark 2017	10	Vogt et al. (2017b)
Forrester	The Forrester Wave: IoT Software Platforms, Q4 2016. The 11 Providers That Matter Most And How They Stack Up	1	Pelino und Hewitt (2016)
Gartner	Magic Quadrant for Industrial IoT Platforms	1	Goodness et al. (2018)
International Data Corporation (IDC)	IDC MarketScape: Worldwide IoT Platforms (Software Vendors) – 2017 Vendor Assessment	1	Crook und MacGillivray (2017)
Pierre Audoin Consultants (PTC)	IoT Platforms in Europe 2017. IoT Platforms for Analytics Applications, Device Development, Device Management, Rapid Deployment. Positioning of Microsoft	4	Vogt (2017a)

Tab. 3.3 Die Top 30 der am Markt verfügbaren IoT-Software-Plattformen aus Sicht von Wissenschaft und Praxis. (Quelle: Eigene Darstellung)

Rang	Anbieter	IoT-Software-Plattform	RS	RS_N	U	US	US_n	#Z	$\#Z_n$	Ø
1	PTC Inc	PTC ThingWorx	0,67	0,80	50-100M	7	0,88	39	0,68	0,786
2	Microsoft Corporation	Microsoft Azure IoT	0,67	0,80	100-250M	8	1,00	29	0,51	0,770
3	International Business Machines Corporation	IBM Watson IoT	0,75	0,90	50-100M	7	0,88	27	0,47	0,750
4	Amazon.com, Inc. (inkl. 2lemetry LLC)	Amazon AWS IoT	0,57	0,68	100-250M	8	1,00	27	0,47	0,719
5	Google LLC	Google Cloud IoT (inkl. Xively)	0,24	0,28	25-50M	6	0,75	57	1,00	0,678
6	SAP SE	SAP Cloud Platform Internet of Things	0,83	1,00	10-25M	5	0,63	16	0,28	0,635
7	Huawei Technologies Co., Ltd	Huawei IoT Platform	0,35	0,42	100-250M	8	1,00	10	0,18	0,531
8	General Electric Company	Predix	0,50	0,60	10-25M	5	0,63	14	0,25	0,490
9	Telefonaktiebolaget L. M. Ericsson	Ericsson IoT-Framework	0,17	0,20	100-250M	8	1,00	8	0,14	0,447
10	Oracle Corporation	Oracle IoT Cloud	0,38	0,45	10-25M	5	0,63	15	0,26	0,446

(Fortsetzung)

Tab. 3.3 (Fortsetzung)

Rang	Anbieter	IoT-Software-Plattform	RS	RS_N	U	US	US_n	#Z	$\#Z_n$	Ø
11	Telit Communications PLC	Telit IoT Portal	0,29	0,35	25-50M	6	0,75	12	0,21	0,437
12	Bosch Software Innovations GmbH	IoT Cloud/IoT Suite	0,33	0,40	5-10M	4	0,50	17	0,30	0,399
13	Software AG (inkl. Cumulocity GmbH)	Cumulocity	0,24	0,28	10-25M	5	0,63	13	0,23	0,379
14	Samsung Group (inkl. SmartThings Inc.)	ARTIK Cloud/ARTIK IoT Platform (inkl. SmartThings Hub)	0,13	0,15	25-50M	6	0,75	11	0,19	0,364
15	Sierra Wireless, Inc	AirVantage IoT Platform	0,17	0,20	25-50M	6	0,75	8	0,14	0,363
16	Intel Corporation (inkl. Wind River Systems Inc.)	Intel IoT Platform	0,17	0,20	10-25M	5	0,63	15	0,26	0,363
17	Fujitsu Ltd	Fujitsu Cloud IoT Platform	0,17	0,20	25-50M	6	0,75	7	0,12	0,358
18	Prodea Systems, Inc. (inkl. Arrayent, Inc.)	Prodea Arrayent IoT Services Platform/Arrayent IoT Platform as a Service	0,08	0,10	25-50M	6	0,75	8	0,14	0,330
19	Exosite LLC	Murano IoT Platform	0,19	0,23	5-10M	4	0,50	14	0,25	0,326
20	Relayr, Inc	Relayr	0,29	0,35	5-10M	4	0,50	5	0,09	0,313

(Fortsetzung)

Tab. 3.3 (Fortsetzung)

Rang	Anbieter	IoT-Software-Plattform	RS	RS_N	U	US	US_n	#Z	$\#Z_n$	Ø
21	Ayla Networks Inc	Ayla Agile IoT Platform	0,19	0,23	5-10M	4	0,50	10	0,18	0,303
22	Alibaba Group Holding Limited	Alibaba IoT Platform	0,00	0,00	50-100M	7	0,88	0	0,00	0,292
23	Siemens AG	MindShpere	0,29	0,35	2.5-5M	3	0,38	8	0,14	0,288
24	EVRYTHNG Ltd	EVRYTHNG IoT platform	0,08	0,10	2.5-5M	3	0,38	21	0,37	0,281
25	C3.ai, Inc	C3 IoT Platform	0,08	0,10	10-25M	5	0,63	4	0,07	0,265
26	Splunk Inc	Splunk for Industrial Data and the IoT	0,11	0,13	10-25M	5	0,63	1	0,02	0,259
27	Orange S.A	Live Objects + Data Share + Flexible Datasync	0,17	0,20	5-10M	4	0,50	4	0,07	0,257
28	Greenwave Systems Inc	AXON Platform for IoT	0,08	0,10	10-25M	5	0,63	2	0,04	0,253
29	Aeris Communications, Inc	Aeris IoT Services Platform	0,00	0,00	10-25M	5	0,63	7	0,12	0,249
30	TIBCO Software Inc	TIBCO StreamBase + TIBCO Spotfire + TIBCO Flogo Enterprise + TIBCO Cloud Live Apps	0,17	0,20	5-10M	4	0,50	2	0,04	0,245

RS = Ranking Score, RS_n = Ranking Score normiert, U = Umsatz, US = Umsatz Score, US_n = Umsatz Score normiert, #Z = Anzahl Zitationen, $\#Z_n$ = Anzahl Zitationen normiert

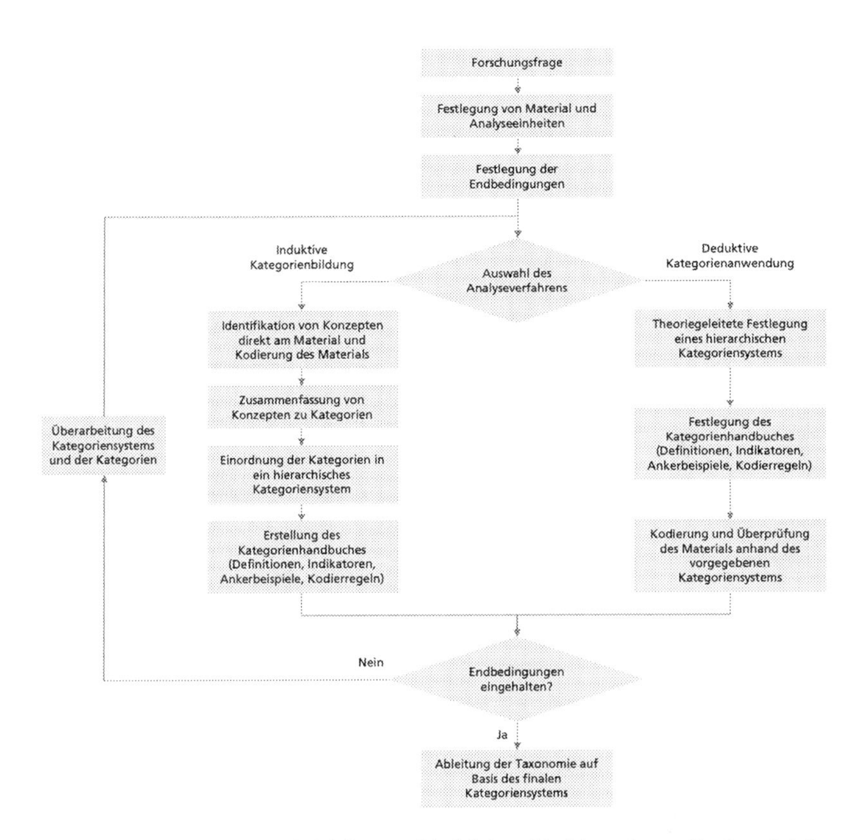

Abb. 3.1 Kombination von deduktiven und induktiven Verfahren der qualitativen Inhaltsanalyse zur Ableitung einer Taxonomie. Eigene Darstellung in Anlehnung an Nickerson et al. (2013) und Mayring (2015)

Tab. 3.4 Anzahl der insgesamt ausgewerteten Dokumente und Textseiten. (Quelle: Eigene Darstellung)

Rang	IoT-Software-Plattform	#Dokumente	#Seiten insgesamt
1	PTC ThingWorx	7	102
2	Microsoft Azure IoT	16	186
3	IBM Watson IoT	22	81
4	Amazon AWS IoT	1	1077
5	Google Cloud IoT	27	162
6	SAP Cloud Platform Internet of Things	16	1528
7	Huawei IoT Platform	22	115
–	–	**111**	**3251**

4 Einheitliche Beschreibung der Funktionalität und Standardunterstützung von IoT-Software-Plattformen

4.1 Taxonomie für IoT-Software-Plattformen

Die hierarchische Taxonomie zur einheitlichen Beschreibung der Funktionalität und der Standardunterstützung von IoT-Software-Plattformen, welche auf Basis der im vorhergehenden Kapitel beschriebenen Methodik entwickelt wurde, ist in Abb. 4.1 dargestellt. und wird nachfolgend anhand der darauf aufbauenden Referenzarchitekturen im Detail beschrieben.

4.2 Referenzarchitektur zur Beschreibung der Funktionalität von IoT-Software-Plattformen

Im Anschluss an die qualitative Inhaltsanalyse wurde die dabei abgeleitete Taxonomie in eine Referenzarchitektur für IoT-Software-Plattformen überführt, indem die zuvor identifizierten Funktionen den Komponenten einer abstrakten Software-Architektur zugeordnet wurden, wobei die hierarchische Anordnung laut Kategoriensystem erhalten blieb. Die Komponenten wurden wiederum gemäß ihrer inhaltlichen Nähe zueinander und gemäß dem Datenfluss und der Datenverarbeitung von einem IoT-Gerät über die IoT-Software-Plattform hin zu bestehenden Unternehmensanwendungen angeordnet. Dabei wurde zwischen aufeinander aufbauenden Kernfunktionen (übereinander angeordnet) und überall zum Tragen kommenden Querschnittsfunktionen (nebeneinander und die Kernfunktionen überspannend angeordnet) unterschieden. Die resultierende Referenzarchitektur ist in Abb. 4.2 dargestellt und wird nachfolgend im Detail beschrieben.

S. Lempert und A. Pflaum, *Funktionalität und Standardunterstützung von IoT-Software-Plattformen*, essentials, https://doi.org/10.1007/978-3-658-32672-2_4

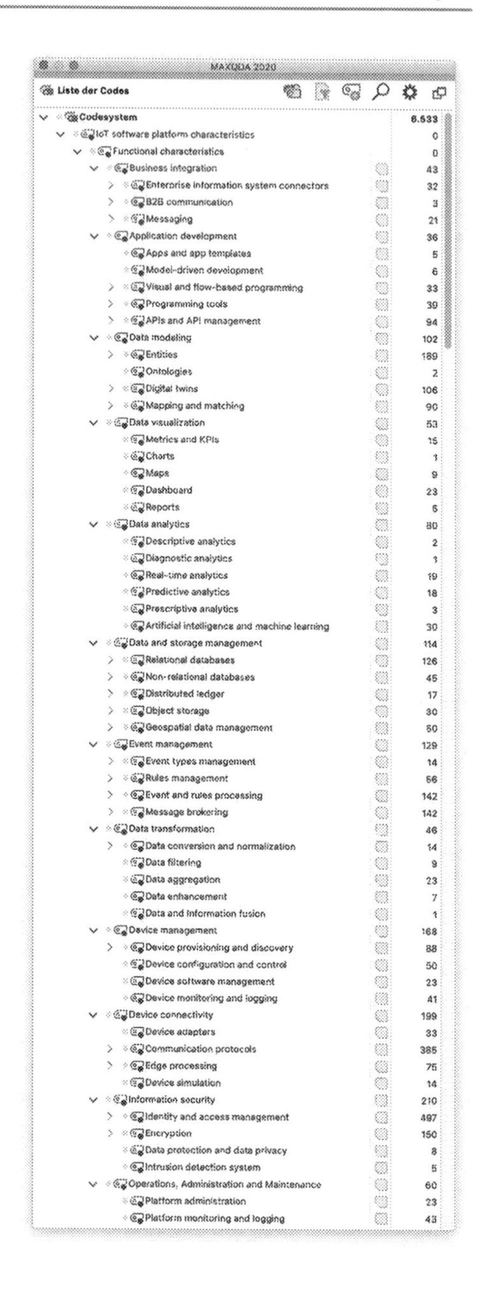

Abb. 4.1 Hierarchische Taxonomie für IoT-Software-Plattformen als Ergebnis der Kodierung mit MAXQDA. (Quelle: Eigene Darstellung)

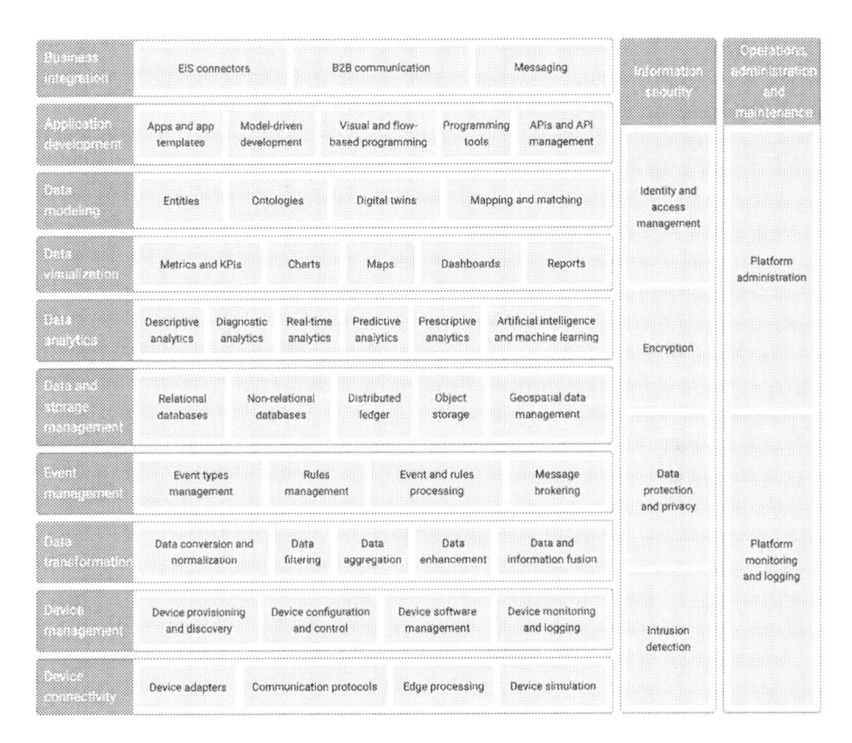

Abb. 4.2 Referenzarchitektur zur Beschreibung der Funktionalität von IoT-Software-Plattformen. (Quelle: Eigene Darstellung)

4.3 Kernfunktionen von IoT-Software-Plattformen

4.3.1 Unternehmensintegration

Im Bereich der **Unternehmensintegration** (engl.: business integration) hat eine IoT-Software-Plattform die Aufgabe, die IoT-Geräte mit der bestehenden IT-Infrastruktur der an dem IoT-Anwendungsfall beteiligten Unternehmen zu verbinden. Dazu werden im einfachsten Fall **Konnektoren zu bestehenden Unternehmensanwendungen** (engl.: EIS connectors) bereitgestellt, wobei es ggf. Anwendungen aus unterschiedlichen Bereichen wie CRM, ERP, MES oder

SCM anzubinden gilt.[1] Für die **elektronische Kommunikation über Unternehmensgrenzen hinweg** (engl.: B2B communication) gilt es bspw. unterschiedliche EDI-Standards wie ANSI ASC X12, ebXML, RosettaNet oder UN/EDIFACT zu unterstützen.[2] Zudem ist die Unterstützung unterschiedlicher Arten der **Nachrichtenübermittlung** (engl.: messaging) wie bspw. E-Mail oder SMS zur Interaktion zwischen zwei Rechnern wichtig.

4.3.2 Anwendungsentwicklung

Unterschiedliche IoT-Anwendungsfälle bringen unterschiedliche Anforderungen mit sich und erfordern unterschiedliche Software-Anwendungen, die möglichst effizient und effektiv entwickelt werden sollen. Vor diesem Hintergrund werden Software-Entwickler im Rahmen der **Anwendungsentwicklung** (engl.: application development) im Idealfall mit in großen Teilen **vorgefertigten und wiederverwendbaren Anwendungen und Anwendungsvorlagen** (engl.: apps and app templates), mit **Programmierwerkzeugen** (engl.: programming tools) wie Entwicklungsumgebungen oder Software Development Kits und mit geeigneten **Programmierschnittstellen** (engl.: application programming interface, kurz: API) wie RESTful APIs unterstützt.[3] Darüber hinaus kann die Anwendungsentwicklung von speziellen Werkzeugen profitieren, welche die folgenden Arten der Software-Entwicklung unterstützen:

- Bei der **modellgetriebenen Software-Entwicklung** (engl.: model-driven development) kommen Modellierungssprachen, Modellierungswerkzeuge, Codegeneratoren und zum Einsatz, um aus Modellen automatisiert ausführbare Software zu erzeugen.
- Bei der **visuellen Programmierung** (engl.: visual programming) kommen visuelle Programmiersprachen und visuelle Entwicklungsumgebungen zum

[1]Die Abkürzungen für die genannten Unternehmensanwendungen (engl.: enterprise information systems, kurz: EIS) lassen sich wie folgt aufschlüsseln: CRM = Customer Relationship Management, ERP = Enterprise Resource Planning, MES = Manufacturing Execution System, SCM = Supply Chain Management.

[2]Mit der Abkürzung EDI (electronic data interchange) wird der zwischenbetriebliche Austausch von standardisierten Geschäftsdaten über elektronische Kommunikationswege bezeichnet.

[3]Webservice APIs, welche die REST-Prinzipien (representational state transfer) umsetzen werden als RESTful APIs (kurz: REST APIs) bezeichnet.

Einsatz, um Software nicht durch klassischem, textbasiertem Quellcode, sondern durch die Anordnung und Verbindung grafischer Elemente zu entwickeln, wobei das aus grafischen Benutzeroberflächen bekannte Drag-and-Drop-Bedienungsprinzip angewendet wird.
- Einen ähnlichen Ansatz verfolgt die **flussbasierte Programmierung** (engl.: flow-based programming), bei welcher Software unter Einsatz visueller Entwicklungsumgebungen aus unterschiedlichen Komponenten zusammengesetzt wird, die untereinander nachrichtenbasiert verknüpft sind.

Dabei ist der visuellen und flussbasierten Programmierung häufig gemein, dass dem Mashup-Gedanken des Web 2.0 folgend die Software-Entwicklung durch die Kombination bestehender Inhalte und Anwendungen aus unterschiedlichen Quellen über offene Programmierschnittstellen erfolgt.

4.3.3 Datenmodellierung

Die unterschiedlichen Anforderungen, die mit unterschiedlichen IoT-Anwendungsfällen einhergehen, wirken sich auch auf den Bereich der **Datenmodellierung** (engl.: data modeling) aus. Einerseits unterscheiden sich die zu modellierenden **Entitäten** (engl.: entities) von Anwendung zu Anwendung, andererseits können dieselben Entitäten und deren Eigenschaften in unterschiedlichen Anwendungsfällen unterschiedlich modelliert werden. Beispielsweise kann es notwendig sein, Entitäten wie Personen, Maschinen oder Fahrzeuge sowie die eingesetzten IoT-Geräte zu modellieren, welche innerhalb eines IoT-Anwendungsfalls verwendet werden, um andere Entitäten wie Personen, Maschinen oder Fahrzeuge zu repräsentieren. Darauf aufbauend können Ontologien und digitale Zwillinge zum Einsatz kommen:

- Eine **Ontologie** (engl.: ontology) dient der Darstellung, der formalen Benennung und Definition der Kategorien und Eigenschaften von sowie der Beziehungen zwischen Begriffen, Daten und Entitäten (Hesse 2002; Busse et al. 2014).
- Ein **digitaler Zwilling** (engl.: digital twin) ist ein Modell einer gegenwärtig oder zukünftig existierenden Entität der realen Welt, welches deren Eigenschaften auf Basis realer Daten beschreibt sowie deren Verhalten auf Basis von Algorithmen und Simulationen nachbildet und so die Lücke zwischen realer und virtueller Welt schließt (Kuhn 2017; Klostermeier et al. 2018). In diesem Zusammenhang unterscheidet man u.a. Gerätezwillinge für IoT-Geräte,

Objektzwillinge für Gegenstände, Asset twins für Wertgegenstände, Raumgraphen als virtuelles Modell der physischen Umgebung einer IoT-Anwendung (bspw. Gebäude an unterschiedliche Standorten, die aus mehreren Etagen bestehen, welchen wiederum mehrere Räume zugeordnet sind) und digital human twins für den Menschen.

Darüber muss die Datenmodellierung nicht nur die Möglichkeit bieten unterschiedliche Entitäten wie Personen, Gegenstände, Räume oder Gebäude miteinander in Beziehung zu setzen, sondern auch mögliche Veränderungen dieser Beziehungen über die Zeit berücksichtigen. Vor diesem Hintergrund hat die **Zuordnung** (engl.: mapping) die Aufgabe, die Beziehung zweier Entitäten auf Basis der Identifikatoren dieser Entitäten über die Zeit zu verwalten. Darauf aufbauend kommt dem **Abgleich** (engl.: matching) die Aufgabe zu, gegenwärtige und vergangene Beziehungen zwischen Entitäten abzufragen und zu überprüfen, welche Entitäten mit einer bekannten ID verbunden sind oder waren.

4.3.4 Datenvisualisierung

Die **Datenvisualisierung** (engl.: data visualization) dient der bildlichen Aufbereitung, Darstellung und Kommunikation von Daten und Informationen mithilfe von **Kennzahlen** (engl.: performance indicators), **Diagrammen** (engl.: charts) und **Karten** (engl.: maps) wie Straßenkarten, Luft- und Satellitenbildern, die wiederum ja nach Art und Zielsetzung der darzustellenden Informationen in **Übersichtsanzeigen** (engl.: dashboards) und **Berichten** (engl.: reports) kombiniert und zusammengefasst werden können.

4.3.5 Datenanalyse

Im Rahmen der **Datenanalyse** (engl.: data analytics) werden unterschiedliche Analysetechniken eingesetzt, um aus den in einem Unternehmen vorhandenen Daten – zu denen auch die über IoT-Geräte erfassten Daten zählen – relevantes und handlungsorientiertes Wissen zu generieren, welches Managemententscheidungen zur Steuerung des Unternehmens unterstützt. Dabei unterscheidet man insbesondere die **Vergangenheitsanalyse** (engl.: descriptive analytics), die **Ursachenanalyse** (engl.: diagnostic analytics), die **Echtzeitanalyse** (engl.: real-time analytics), die **vorhersagende Analyse** (engl.: predictive analytics) und die **vorschreibende Analyse** (engl.: prescriptive analytics), welche mit zunehmender

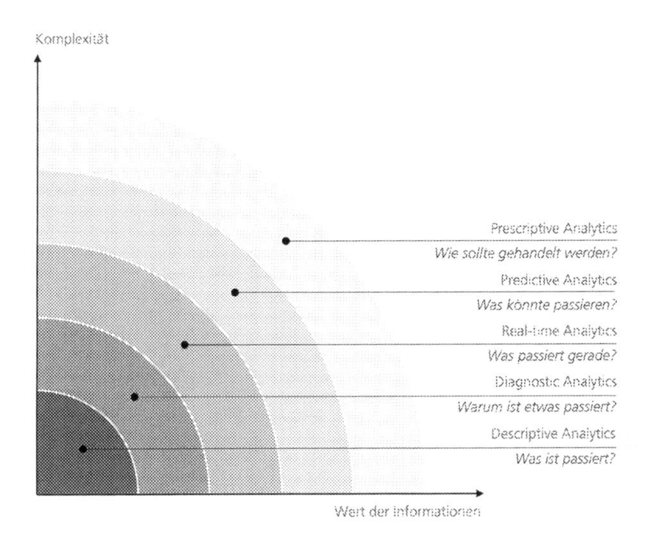

Abb. 4.3 Arten der Datenanalyse. (Quelle: Eigene Darstellung in Anlehnung an Eckerson (2007) und Dorschel et al. (2015))

Komplexität jeweils unterschiedliche Fragestellungen beantworten, um den Wert der gewonnenen Informationen zu steigern (vgl. Abb. 4.3).Des Weiteren kommen zur Datenanalyse Verfahren der **künstlichen Intelligenz** (engl.: artificial intelligence) zum Einsatz, bei denen Computer „sich verhalten, als würden sie über eine Art menschliche Intelligenz verfügen" wobei insbesondere Methoden des **maschinellen Lernens** (engl.: machine learning) zum Einsatz kommen, „die mithilfe von Lernprozessen Zusammenhänge in bestehenden Datensätzen erkennen, um darauf basierend Vorhersagen zu treffen" (Welsch et al. 2018).

4.3.6 Daten- und Speicherverwaltung

Die **Daten- und Speicherverwaltung** (engl.: data and storage management) umfasst **relationale Datenbanken** (engl.: relational databases), **nicht-relationale Datenbanken** (engl.: non-relational databases), **verteilte Kontobücher** (engl.: distributed ledger), **Objektspeicher** (engl.: object storage) und **Geodatenbanken** (engl.: spatial databases) und stellt hauptsächlich CRUD-Operationen (Create, Read/Retrieve, Update, Delete), also das Erzeugen bzw. Speichern, das Lesen bzw. Abfragen, das Aktualisieren und das Löschen sowohl für strukturierte, als auch für unstrukturierte Daten bereit. Abhängig vom IoT-Anwendungsfall kann es dabei erforderlich werden, sehr große Datenmengen zu verwalten und einerseits Auswertungen aktueller Daten über kurze Zeiträume in Echtzeit und andererseits Auswertungen historischer Daten über längere Zeiträume durchzuführen. Zusätzlich zu den CRUD-Operationen übernimmt die **Geodatenverwaltung** (engl.: geospatial data management) räumliche Anfragen, die Überprüfung von Geofences sowie die Durchführung von Ortssuchen, Routenplanungen, Koordinatentransformationen und Zeitzonenumrechnungen.

4.3.7 Ereignisverwaltung

Aufgabe der **Ereignisverwaltung** (engl.: event management) ist es, Geschäftsprozesse in Echtzeit zu überwachen, um frühzeitig diejenigen Abweichungen zwischen dem geplanten Sollzustand und dem tatsächlichen Istzustand zu erkennen, die spürbare negative oder positive Folgen haben können, um Reaktionszeit zu gewinnen, mögliche Folgekosten zu reduzieren, die Eintrittswahrscheinlichkeit kritischer Ereignisse zu minimieren und negative Auswirkungen durch vorgedachte Reaktionsmuster zu begrenzen (Bretzke et al. 2002; Steven und Krüger 2004). Vor diesem Hintergrund übernehmen IoT-Plattformen die folgenden Funktionen:

- Die **Ereignistypenverwaltung** (engl.: event types management) hat die Aufgabe Ereignisse unterschiedlicher Art wie bspw. alarmierende Ereignisse oder konfirmatorische Ereignisse zu klassifizieren und voneinander zu unterscheiden.
- Die **Regelverwaltung** (engl.: rules management) ist für die Verwaltung von Geschäftsregeln zuständig, welche sich als formale Wenn-Dann-Konstrukte mit mehreren Prämissen im Wenn-Teil und definierten Reaktionen im Dann-Teil modellieren lassen.
- Bei der **Ereignis- und Regelverarbeitung** (engl.: event and rule processing) werden Statusmeldungen von IoT-Geräten über einen Soll-Ist-Vergleich in Ereignisse übersetzt, indem Geschäftsregeln durch Regelmaschinen ausgewertet werden.
- Die **Nachrichtenvermittlung** (engl.: message brokering) ermöglicht über die Umsetzung des Entwurfsmusters Publish/Subscribe die Weiterleitung von Ereignissen in Form von Nachrichten an interessierte Personen oder IT-Systeme und führt so zu einer losen Kopplung von Anwendungen.

4.3.8 Datentransformation

Im Rahmen der **Datentransformation** (engl.: data transformation) werden Daten, die aus unterschiedlichen Quellen wie unterschiedlichen IoT-Geräten durch **Datenkonvertierung** (engl.: data conversion) und **Datennormalisierung** (engl.: data normalization) vereinheitlicht und in ein standardisiertes Datenformat umgewandelt. Zudem werden irrelevante Daten durch **Datenfilterung** (engl.: data filtering) und **Datenaggregation** (engl.: data aggregation) reduziert und verdichtet, während verschiedenartige relevante Daten durch **Datenanreicherung** (engl.: data enhancement) mit ergänzenden Daten wie Stammdaten kombiniert und gleichartige relevante Daten durch **Daten- und Informationsfusion** (engl.: data and information fusion) mit dem Ziel einer höheren Datenqualität verschmolzen werden.

4.3.9 Geräteverwaltung

Die **Geräteverwaltung** (engl.: device management) dient der Verwaltung einer großen Anzahl von IoT-Geräten zuständig und übernimmt dabei die folgenden Aufgaben:

- Die **Gerätebereitstellung** (engl.: device provisioning and discovery) ist für die Beschreibung und Verwaltung von IoT-Geräten zuständig und verwendet bspw. wiederverwendbare Schablonen, um Geräte desselben Typs schneller bereitstellen zu können. Zur weiteren Vereinfachung können ggf. Gerätegruppen definiert werden, mit welchen auszuführende Aufgaben gleichzeitig an eine Vielzahl von Geräten übermittelt werden können.
- Die **Gerätekonfiguration** (engl.: device configuration) und **Gerätesteuerung** (engl.: device control) ist für die Konfiguration unterschiedlicher Eigenschaften und die Übermittlung von Befehlen zur Steuerung von IoT-Geräten vor dem Hintergrund der spezifischen Anforderungen einer konkreten IoT-Anwendung zuständig. Dazu zählt bspw. die Festlegung der Frequenz innerhalb derer ein IoT-Gerät Statusinformationen übermittelt.
- Die **Geräte-Software-Verwaltung** (engl.: device software management) ist für die sichere Aktualisierung der Firmware oder der Anwendungssoftware auf einem IoT-Gerät zuständig, welche in der Regel über eine funkbasiert über eine Luftschnittstelle durchgeführt und überwacht werden muss. Darüber hinaus ist ggf. die Verwaltung unterschiedlicher Versionen einer Firmware oder Anwendungssoftware erforderlich.

- Die Kenntnis von aktuellen und vergangenen Gerätezuständen ist eine Grundvoraussetzung für die Erkennung und Behebung von Fehlerzuständen sowie für die Aufrechterhaltung des Betriebs von IoT-Geräten. Vor diesem Hintergrund dient die **Geräteüberwachung** (engl.: device monitoring) der Erfassung und Überwachung des aktuellen Gerätezustandes, während die **Geräteprotokollierung** (engl.: device logging) die Erstellung eines Protokolls der Gerätezustände zur Aufgabe hat, über welches auch vergangene Zustände und Ereignisse nachvollzogen werden können.

4.3.10 Gerätekonnektivität

Aufgabe der **Gerätekonnektivität** (engl.: device connectivity) ist es die bidirektionale Kommunikation zwischen IoT-Geräten und der IoT-Software-Plattform zu gewährleisten. Dabei gilt es mit einer großen Anzahl von unterschiedlichen IoT-Geräten zu interagieren, die unterschiedliche **Kommunikationsprotokolle** (engl.: communication protocols) verwenden.[4] Zudem müssen für unterschiedliche Arten von IoT-Geräten unterschiedliche **Geräteadapter** (engl.: device adapter) bereitgestellt werden, welche von den IoT-Geräten abstrahieren und die darüber ausgetauschten Nachrichten normalisieren, um eine einfache Integration in die bestehende IT-Infrastruktur eines Unternehmens zu ermöglichen. Abhängig vom IoT-Anwendungsfall und den eingesetzten IoT-Geräten kann es zudem sinnvoll sein, über speziellen Laufzeitumgebungen für IoT-Geräte die **dezentrale Datenverarbeitung am Rande des Netzwerks** (engl.: edge processing) direkt auf IoT-Geräten zu ermöglichen. Zuletzt lassen sich durch eine **Gerätesimulation** (engl.: device simulation) IoT-Anwendungen entwickeln und testen, ohne echte IoT-Geräte anzubinden, wodurch Entwicklung und Inbetriebnahme beschleunigt werden können.

[4]Beispiele für Kommunikationsprotokolle aus dem Bereich IoT sind: AMQP (Advanced Message Queuing Protocol), CoAP (Constrained Application Protocol) und MQTT (Message Queuing Telemetry Transport).

4.4 Querschnittsfunktionen von IoT-Software-Plattformen

4.4.1 Informationssicherheit

Die Einhaltung der **Informationssicherheit** (engl.: information security) muss in allen Bereichen einer IoT-Software-Plattform gewährleistet werden. Dabei gilt es im Rahmen der **Identitäts- und Zugriffsverwaltung** (engl.: identity and access management) sicherzustellen, dass der Zugriff auf bestimmte IT-Ressourcen und Daten ausschließlich nach erfolgreicher Authentifizierung der Identität einer berechtigten Person, Anwendung oder Hardware-Komponente sowie nach durch Überprüfung der damit verbundenen Zugriffsrechte durch Autorisierung erfolgt. Zudem gilt es sensible Daten durch **Verschlüsselung** (engl.: encryption) zu schützen, die Einhaltung des **Datenschutzes** (engl.: data protection and privacy) und zugehörigen Datenschutzstandards zu gewährleisten sowie mögliche Bedrohungen und Angriffe mithilfe eines **Angriffserkennungssystems** (engl.: intrusion detection system) zu erkennen und zu verhindern.

4.4.2 Betrieb, Verwaltung und Wartung

Unter der Bezeichnung **Betrieb, Verwaltung und Wartung** (engl.: operations, administration and maintenance) werden weitere Aufgaben zusammengefasst, die in allen Bereichen einer IoT-Software-Plattform zum Tragen kommen:

- Die **Plattformadministration** (engl.: platform administration) umfasst die Konfiguration und die Aufrechterhaltung des Betriebs der IoT-Software-Plattform.
- Die Kenntnis von aktuellen und vergangenen Plattformzuständen ist eine Grundvoraussetzung für die Erkennung und Behebung von Fehlerzuständen sowie für die Aufrechterhaltung des Betriebs einer IoT-Software-Plattform. Vor diesem Hintergrund dient die **Plattformüberwachung** (engl.: platform monitoring) der Erfassung und Überwachung des aktuellen Plattformzustandes, während die **Plattformprotokollierung** (engl.: platform logging) die Erstellung eines Protokolls der Plattformzustände zur Aufgabe hat, über welches auch vergangene Zustände und Ereignisse nachvollzogen werden können.

4.5 Internet-Referenzmodell zur Beschreibung der Standardunterstützung von IoT-Software-Plattformen

Ergänzend zu der Referenzarchitektur zur Beschreibung der Funktionalität von IoT-Software-Plattformen (vgl. Abschn. 4.2, 4.3 und 4.4) wurden im Hinblick auf die Standardunterstützung von IoT-Software-Plattformen in Abb. 4.4 die Kommunikationsprotokolle, welche eine IoT-Software-Plattform theoretisch unterstützen kann, in die vier aufeinander aufbauenden Schichten des Internet-Referenzmodells (synonym: TCP/IP-Referenzmodell) eingeordnet, welches in der Literatur zur Beschreibung der weit verbreiteten Internetprotokollfamilie verwendet wird. Die dabei verwendeten Abkürzungen sind in Tab. 4.1 aufgeschlüsselt.

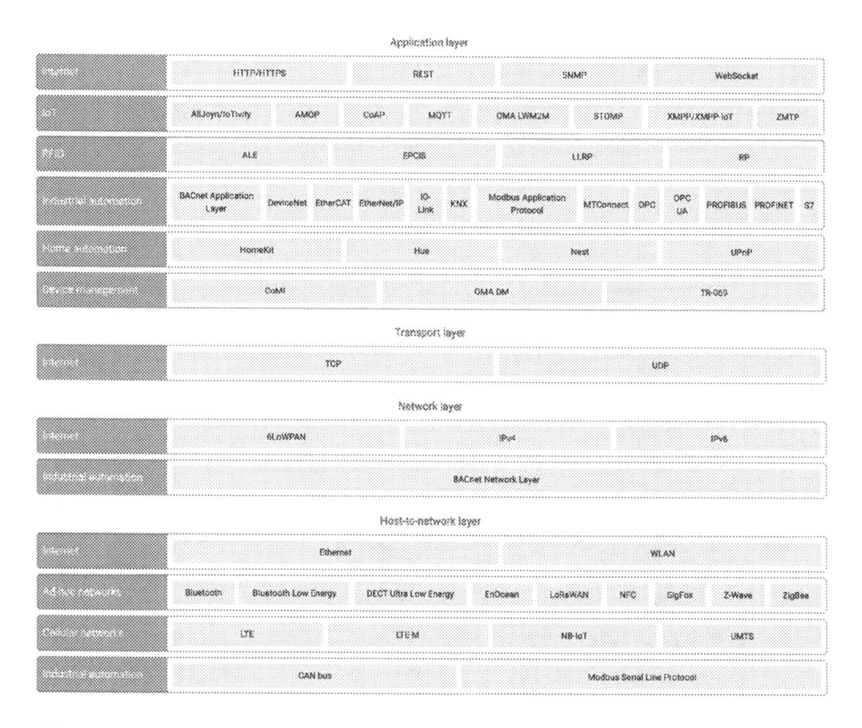

Abb. 4.4 Einordnung der von IoT-Software-Plattformen unterstützten Kommunikationsprotokolle in das Internet-Referenzmodell. (Quelle: Eigene Darstellung in Anlehnung an Gerber (2018) und Guinard und Trifa (2016))

Tab. 4.1 Kommunikationsprotokolle und deren Akronyme

Akronym	Kommunikationsprotokoll
6LoWPAN	IPv6 over Low power Wireless Personal Area Network
ALE	Application Level Events
AMQP	Advanced Message Queuing Protocol
BACnet	Building Automation and Control Networks
BLE/Bluetooth LE	Bluetooth Low Energy
CAN bus	Controller Area Network bus
CoAP	Constrained Application Protocol
CoMI	CoAP Management Interface
DECT ULE	Digital Enhanced Cordless Telecommunications Ultra Low Energy
EPCIS	Electronic Product Code Information Services
EtherCAT	Ethernet for Control Automation Technology
EtherNet/IP	EtherNet Industrial Protocol
LLRP	Low Level Reader Protocol
LoRaWAN	Long Range Wide Area Networks Protocol
LTE	Long-Term Evolution
LTE-M/LTC-MTC	LTE Machine Type Communication
NB-IoT	Narrowband Internet of Things
HTTP/HTTPS	Hypertext Transfer Protocol/Hypertext Transfer Protocol Secure
IPv4	Internet Protocol Version 4
IPv6	Internet Protocol Version 6
MQTT	Message Queuing Telemetry Transport
NFC	Near Field Communication
OMA DM	Open Mobile Alliance Device Management
OMA LWM2M	Open Mobile Alliance Lightweight Machine to Machine
OPC	Open Platform Communications
OPC UA	OPC Unified Architecture
RP	Reader Protocol
PROFIBUS	Process Field Bus
PROFINET	Process Field Net
REST	Representational state transfer

(Fortsetzung)

Tab. 4.1 (Fortsetzung)

Akronym	Kommunikationsprotokoll
S7	S7 Protokoll
SNMP	Simple Network Management Protocol
STOMP	Streaming Text Oriented Messaging Protocol
TCP	Transmission Control Protocol
TR-069	Technical Report 069
UDP	User Datagram Protocol
UMTS	Universal Mobile Telecommunications System
UPnP	Universal Plug and Play
WLAN	Wireless Local Area Network
XMPP/XMPP-IoT	Extensible Messaging and Presence Protocol/Extensible Messaging and Presence Protocol – Internet of Things
ZMTP	ZeroMQ Message Transfer Protocol
–	IO-Link
–	KNX (kein Akronym, wurde aus der ehemaligen Bezeichnung KONNEX abgeleitet)
–	MTConnect

5 Vergleich und Bewertung der Funktionalität und der Standardunterstützung von IoT-Software-Plattformen

5.1 Einsatz der Referenzarchitektur innerhalb der Screening-Phase eines Bewertungs- und Auswahlprojektes

Für industrielle Standardsoftware gilt, dass Projekte, welche die Bewertung und Auswahl der am besten geeigneten Software-Lösung aus einer Menge von Kandidaten zum Ziel haben, idealtypische Phasen durchlaufen, die abhängig vom konkreten Anwendungsfall eine Dauer von 18–45 Wochen bzw. ca. 4–10 Monaten aufweisen können (vgl. Abb. 5.1). Analog dazu wird für Projekte zur Bewertung- und Auswahl der am besten geeigneten IoT-Software-Plattform aus einer Menge von Kandidaten eine Dauer von 9 Monaten veranschlagt, während für ein zugehöriges Einführungsprojekt, welches über die Auswahlentscheidung hinaus auch die Integration der IoT-Software-Plattform und der mit dieser verbundenen IoT-Geräte in die vorhandene Infrastruktur sowie deren Überführung in den produktiven Betrieb umfasst, 15 Monate veranschlagt werden (Lueth und Kotzorek 2015).

Dabei kann der Einsatz einer Referenzarchitektur insbesondere in der in Abb. 5.1 genannten Screening-Phase von Vorteil sein, welche das Ziel verfolgt, die relevanten Kandidaten aus der zuvor erstellten Marktübersicht auszusieben, indem unterschiedliche Filterstufen durchlaufen werden, bis die verbliebenen Kandidaten auf eine handhabbare Menge reduziert wurden (Krcmar 2015). Denkbare Filterstufen sind hier bspw. die Beschränkung auf die wichtigsten Anbieter gemäß verfügbarer Rankings renommierter Marktforschungs- und Beratungsunternehmen (vgl. Tab. 3.1 in Abschn. 3.1), eine weitere Filterung auf Basis ausgewählter K.O.-Kriterien sowie die anschließende Anwendung eines Verfahrens zur multikriteriellen Entscheidungsunterstützung, welches die verbliebenen

S. Lempert und A. Pflaum, *Funktionalität und Standardunterstützung von IoT-Software-Plattformen*, essentials, https://doi.org/10.1007/978-3-658-32672-2_5

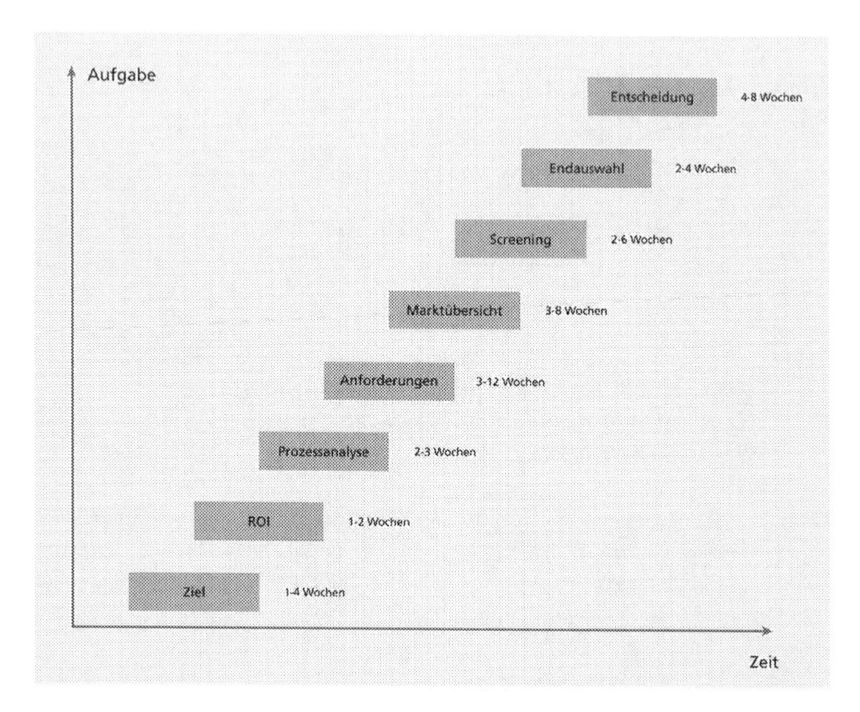

Abb. 5.1 Phasenmodell für die Bewertung und Auswahl von industrieller Standardsoftware. (Quelle: Eigene Darstellung in Anlehnung an Gronau (2014) und Gronau (2001))

Kandidaten unter Berücksichtigung unterschiedlicher relevanter funktionaler und nicht-funktionaler Eigenschaften, die durch die beteiligten Entscheider gemäß deren Anforderungen gewichtet werden, bewertet und in eine Rangfolge bringt (Jadhav und Sonar 2009; Şen et al. 2009).

Neben der Möglichkeit, ausgewählte Funktionen aus der Referenzarchitektur als K.O.-Kriterien heranzuziehen, ermöglicht die erarbeitete Referenzarchitektur in dieser Phase durch die einheitliche Beschreibung der Funktionalität unterschiedlicher IoT-Software-Plattformen deren Analyse und Vergleich untereinander.

5.2 Vergleich der Funktionalität von IoT-Software-Plattformen

Bei der Bewertung und Auswahl der für einen unternehmensspezifischen Anwendungsfall am besten geeigneten IoT-Software-Plattform gilt es, die Funktionalität unterschiedlicher IoT-Software-Plattformen miteinander zu vergleichen und diese gleichzeitig mit den aus einer Anwendungssicht benötigten Funktionen abzugleichen. Trotz dieser Tatsache bietet die bestehende Literatur, welche den Vergleich der Funktionalität unterschiedlicher IoT-Software-Plattformen anhand von Referenzarchitekturen adressiert (vgl. Tab. 2.1 in Abschn. 2.2), keine Hilfestellung bzgl. des gleichzeitigen Abgleichs mit den unternehmensspezifischen Anforderungen an.

Vor diesem Hintergrund wird nachfolgend eine auf der erarbeiteten Referenzarchitektur aufbauende Vorgehensweise vorgeschlagen, welche sowohl den Vergleich der Funktionalität unterschiedlicher IoT-Software-Plattformen untereinander, als auch den Abgleich mit den aus einer Anwendungssicht benötigten Funktionen umfasst: In Abb. 5.2 ist für ein fiktives Anforderungsprofil und eine fiktive IoT-Software-Plattform dargestellt, wie mithilfe der erarbeiteten Referenzarchitektur ein Abgleich zwischen den anwendungsspezifisch benötigten Funktionen und den tatsächlich von einer IoT-Software-Plattform unterstützten Funktionen erfolgen kann, indem jede Funktion abhängig davon, ob diese benötigt wird oder nicht und ob diese unterstützt wird oder nicht unterschiedlich eingefärbt wird.

Dabei ergeben sich die vier in Tab. 5.1 genannten Kombinationsmöglichkeiten, denen jeweils unterschiedliche Farben zugeordnet sind (die Zahlen in Klammern entsprechen der Anzahl der in Abb. 5.2 mit der genannten Farbe eingefärbten Funktionen): bspw. steht die Farbe dunkelgrün für anwendungsseitig benötigte und von der IoT-Software-Plattform unterstützte Funktionen während die Farbe rot Funktionen kennzeichnet, die zwar anwendungsseitig benötigt aber von der betrachteten IoT-Software-Plattform nicht unterstützt werden.

Sofern im Rahmen eines Bewertungs- und Auswahlprojektes die Funktionalität der unterschiedlichen in Frage kommenden IoT-Software Plattformen auf diese Art und Weise unter Einsatz der Referenzarchitektur beschrieben wird, führt diese einheitliche Beschreibung zu einer Vergleichbarkeit der unterschiedlichen Kandidaten untereinander.

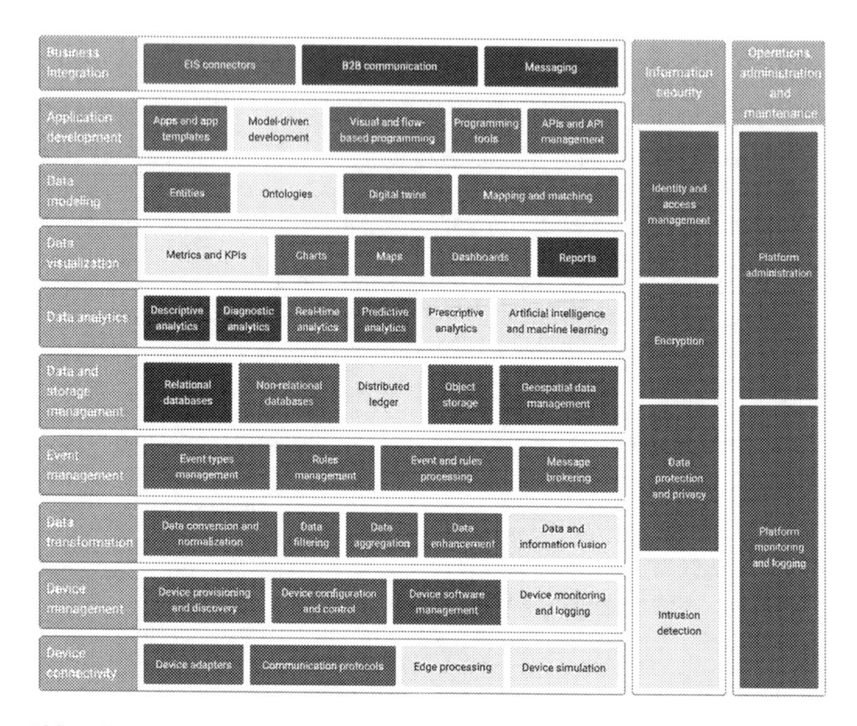

Abb. 5.2 Abgleich der anwendungsspezifisch benötigten Funktionen mit den tatsächlich von einer IoT-Software-Plattform unterstützten Funktionen. (Quelle: Eigene Darstellung)

Tab. 5.1 Bedeutung der Farben in der Referenzarchitektur beim Abgleich der anwendungsspezifisch benötigten Funktionen mit den tatsächlich von einer IoT-Software-Plattform unterstützten Funktionen. (Quelle: Eigene Darstellung)

	Benötigt	Nicht benötigt
Unterstützt	dunkelgrün (30)	blau (6)
Nicht unterstützt	rot (4)	grau (11)

5.3 Bewertung der Funktionalität von IoT-Software-Plattformen

Aufbauend auf der einheitlichen Beschreibung der Funktionalität der unterschiedlichen in Frage kommenden IoT-Software-Plattformen unter Einsatz der Referenzarchitektur kann eine Bewertung der Funktionalität dieser IoT-Software-Plattformen im Abgleich mit den anwendungsseitig benötigten Funktionen erfolgen, um IoT-Software-Plattformen in eine Rangfolge zu bringen. Für eine derartige Bewertung wird die Berechnung der folgenden Kennzahlen je Kandidat vorgeschlagen:

- $tsfr_p$ = Anteil der insgesamt von der IoT-Software-Plattform p unterstützten Funktionen (TSFR = total supported functions ratio)
- $dsfr_p$ = Anteil der anwendungsseitig benötigten Funktionen, die von der IoT-Software-Plattform p unterstützt werden (DSFR = desired supported functions ratio)
- $fsim_p$ = Kosinusähnlichkeit als Maß für die Ähnlichkeit zwischen den anwendungsspezifisch benötigten und den tatsächlich von der IoT-Software-Plattform p unterstützten Funktionen (FSIM = functional similarity)

Dabei ist die Kosinusähnlichkeit, welche u. a. im Information Retrieval und im Data-Mining zum Einsatz kommt, als ein Maß für die Ähnlichkeit zwischen zwei Nicht-Null-Vektoren a und b wie folgt definiert (Tan et al. 2014; Singhal 2001):

$$cos(a, b) = \frac{a \cdot b}{\|a\| \cdot \|b\|} = \frac{\sum_{i=1}^{n} a_i \cdot b_i}{\sqrt{\sum_{i=1}^{n} a_i^2} \cdot \sqrt{\sum_{1=1}^{n} b_i^2}}$$

Sowohl die anwendungsseitig benötigten Funktionen als auch die von einer IoT-Software-Plattform p unterstützten Funktionen lassen sich vor dem Hintergrund der insgesamt $n \in \mathbb{N}$ in der Referenzarchitektur enthaltenen Funktionen wie folgt als Binarvektoren darstellen, die für die Berechnung der Kosinusähnlichkeit erforderlich sind:

- Vektor a für anwendungsseitig benötigte Funktionen: $a = (a_1, a_2, \ldots, a_n)$ mit $a_i \in \{0, 1\}$ und $n \in \mathbb{N}$, wobei $a_i = 0$, wenn Funktion i nicht benötigt wird und $a_i = 1$, wenn Funktion i benötigt wird mit $i \in \mathbb{N}$ und $i \leq n$.

- Vektor b_p für die von der IoT-Software-Plattform p unterstützten Funktionen: $b_p = \left(b_{p_1}, b_{p_2}, \ldots, b_{p_n}\right)$ mit $b_{p_i} \in \{0, 1\}$ und $n \in \mathbb{N}$, wobei $b_{p_i} = 0$, wenn Funktion i nicht unterstützt wird und $b_{p_i} = 1$, wenn Funktion i unterstützt wird mit $i \in \mathbb{N}$ und $i \leq n$.

Auf Basis der so erzeugten Vektoren liegt die Kosinusähnlichkeit $cos_p\left(a, b_p\right)$ stets zwischen 0 und 1, wobei sich der Wert 0 für genau entgegengerichtete Vektoren ergibt und der Wert 1 für genau gleichgerichtete Vektoren – also bei einer maximalen Übereinstimmung zwischen den anwendungsseitig benötigten und den von der IoT-Software-Plattform p unterstützten Funktionen – ergibt. D. h. der Wert 1 ergibt sich genau dann, wenn die IoT-Software-Plattform p exakt die anwendungsseitig benötigten Funktionen unterstützt – nicht mehr und nicht weniger Funktionen. Folglich ist die Kosinusähnlichkeit wichtig für Entscheider, die nur eine Teilmenge aller in der Referenzarchitektur definierten Funktionen benötigen und denen eine möglichst exakte Abdeckung dieser benötigten Funktionen wichtiger ist, als der Anteil der insgesamt unterstützten Funktionen bzw. als der Anteil der unterstützten und benötigten Funktionen.

Vor diesem Hintergrund ergeben sich für das fiktive Beispiel aus Abb. 5.2 die folgenden Kennzahlwerte: $tsfr_p = 70{,}59\ \%$, $dsfr_p = 88{,}24\ \%$ und $fsim_p = 0{,}8575$. Wie eingangs beschrieben wären im Zuge der Bewertung und Auswahl der am besten geeigneten IoT-Software-Plattform aus einer Menge von Kandidaten entsprechende Kennzahlwerte für alle in Frage kommenden Kandidaten zu berechnen, um diese in eine Rangfolge zu bringen. Zusätzlich sei an dieser Stelle angemerkt, dass die Funktionalität einer IoT-Software-Plattform zwar zweifellos ein wichtiges Bewertungs- und Auswahlkriterium darstellt, in der Praxis jedoch regelmäßig weitere nicht-funktionale Eigenschaften bei der Entscheidungsfindung berücksichtigt werden müssen. Daher bietet sich der Einsatz eines Verfahrens zur multikriteriellen Entscheidungsunterstützung an, welches die hier vorgestellten Kennzahlen zur Bewertung der funktionalen Eigenschaften mit weiteren relevanten nicht-funktionalen Eigenschaften kombiniert.

5.4 Vergleich und Bewertung der Standardunterstützung von IoT-Software-Plattformen

Unter Zuhilfenahme des Internet-Referenzmodells (vgl. Abschn. 4.5) kann der Vergleich und die Bewertung der Standardunterstützung von IoT-Software-Plattformen kann analog zum Vergleich bzw. zur Bewertung der Funktionalität von IoT-Software-Plattformen erfolgen. Analog kann ein Abgleich zwischen den anwendungsspezifisch benötigten Kommunikationsprotokollen und den tatsächlich von einer IoT-Software-Plattform unterstützten Kommunikationsprotokollen erfolgen, indem jedes Kommunikationsprotokoll abhängig davon, ob dieses benötigt wird oder nicht und ob dieses unterstützt wird oder nicht unterschiedlich eingefärbt wird. Darauf aufbauend können wiederum analog die folgenden Kennzahlen berechnet werden:

- $tssr_p$ = Anteil der insgesamt von der IoT-Software-Plattform p unterstützten Standards bzw. Kommunikationsprotokolle (TSSR = total supported standards ratio), analog zu $tsfr_p$
- $dssr_p$ = Anteil der anwendungsseitig benötigten Standards bzw. Kommunikationsprotokolle, die von der IoT-Software-Plattform p unterstützt werden (DSSR = desired supported standards ratio), analog zu $dsfr_p$
- $ssim_p$ = Kosinusähnlichkeit als Maß für die Ähnlichkeit zwischen den anwendungsspezifisch benötigten und den tatsächlich von der IoT-Software-Plattform p unterstützten Standards bzw. Kommunikationsprotokollen (SSIM = standards similarity), analog zu $ssim_p$

Zusammenfassung und Ausblick 6

6.1 Implikationen für Wissenschaft und Praxis

Der vorliegende Beitrag ist die erste Arbeit, welche die Funktionalität einer vollständigen IoT-Software-Plattform detailliert mithilfe einer qualitativen Inhaltsanalyse auf Basis der wichtigsten am Markt verfügbaren Plattformen ableitet und in Form einer Taxonomie und darauf aufbauenden Referenzarchitektur beschreibt. Dabei werden aufeinander aufbauende Kernfunktionen, die innerhalb der Referenzarchitektur aufgrund ihrer inhaltlichen Nähe und aufgrund ihrer Beziehungen untereinander angeordnet wurden, von Querschnittsfunktionen unterschieden, die in allen Bereichen einer IoT-Software-Plattform zum Tragen kommen. Zudem ordnet der vorliegende Beitrag die Kommunikationsprotokolle, die im Rahmen der qualitativen Inhaltsanalyse identifiziert wurden, in die vier aufeinander aufbauenden Schichten des Internet-Referenzmodells eins. Auf dieser Basis sind Praktiker in der Lage, die Funktionalität und die Standardunterstützung der am Markt verfügbaren IoT-Software-Plattformen schnell zu verstehen und untereinander zu vergleichen.

6.2 Einschränkungen und zukünftige Forschung

Die Ergebnisse der vorliegenden Arbeit unterliegen naturgemäß verschiedenen Restriktionen. Dabei ist hervorzuheben, dass sich die durchgeführte qualitative Inhaltsanalyse auf die sieben wichtigsten am Markt verfügbaren IoT-Software-Plattformen beschränkt, die auf Basis des geschätzten Jahresumsatzes, der

S. Lempert und A. Pflaum, *Funktionalität und Standardunterstützung von IoT-Software-Plattformen*, essentials, https://doi.org/10.1007/978-3-658-32672-2_6

Platzierung in existierenden Rankings von Beratungs- und Marktforschungsunternehmen sowie der Anzahl der Zitationen in wissenschaftlichen und nichtwissenschaftlichen Veröffentlichungen ausgewählt wurden. Daraus erwachsen mögliche Anknüpfungspunkte für weitergehende Forschungsarbeiten. Gleichzeitig erlaubt der hier verwendete iterative Taxonomieentwicklungsprozess, die vorgestellte Taxonomie und die darauf aufbauende Referenzarchitektur bzw. das darauf aufbauende Internet-Referenzmodell zu erweitern. Einerseits könnte durch die Berücksichtigung von IoT-Software-Plattformen von Nischenanbietern weitere Erkenntnisse gewonnen werden. Andererseits könnten bereits untersuchten Plattformen nach Verstreichen einer ausreichenden Zeitspanne erneut untersucht werden, um diese auch bei fortschreitender Entwicklung angemessen zu repräsentieren. Zudem sei darauf hingewiesen, dass die Bewertung und Auswahl einer Software neben der Funktionalität und Standardunterstützung der Software auch nicht-funktionale Eigenschaften wie den Anbieter, die verfügbaren Support-Dienstleistungen, die zugehörige Software-Lizenz, das verwendete Geschäftsmodell und die mit der Anschaffung und dem Betrieb der Software verbundenen Kosten berücksichtigen muss. Vor diesem Hintergrund könnten Verfahren zur multikriteriellen Entscheidungsunterstützung auf den hier vorgestellten Ergebnissen aufsetzen und diese um weitere nicht-funktionale Eigenschaften erweitern, um ein vollständiges Verfahren zur Bewertung und Auswahl von IoT-Software-Plattformen zu erarbeiten.

Was Sie aus diesem *essential* mitnehmen können

Derzeit konkurrieren über 450 Anbieter von IoT-Software-Plattformen miteinander, die Komplexität und die unterschiedlichen Eigenschaften dieser Plattformen führen zu einem intransparenten Markt. Folglich stehen Unternehmen, die eine IoT-Anwendung unter Weiternutzung ihrer bestehenden IT-Infrastruktur umsetzen wollen, vor der Herausforderung, die für diesen unternehmensspezifischen Anwendungsfall am besten geeignete IoT-Plattform aus einer Vielzahl von Kandidaten auszuwählen.

Vor diesem Hintergrund werden Unternehmen durch das vorliegende Buch in die Lage versetzt, die Funktionalität und Standardunterstützung der am Markt verfügbaren IoT-Plattformen schnell zu verstehen und untereinander zu vergleichen.

Zu diesem Zweck werden die Funktionalität und die Standardunterstützung einer vollständigen IoT-Software-Plattform mithilfe einer qualitativen Inhaltsanalyse aus verfügbaren Unterlagen der wichtigsten am Markt verfügbaren Plattformen abgeleitet und deren Funktionalität in Form einer Taxonomie und darauf aufbauenden Referenzarchitektur sowie deren Standardunterstützung durch Einordnung der identifizierten Kommunikationsprotokolle in das Internet-Referenzmodell beschrieben.

S. Lempert und A. Pflaum, *Funktionalität und Standardunterstützung von IoT-Software-Plattformen*, essentials, https://doi.org/10.1007/978-3-658-32672-2

Literatur

Balamuralidhara P, Misra P, Pal A (2013) Software Platforms for Internet of Things and M2M. JIIS 93:487–497

Bhatia A, Yusuf Z, Ritter D, Hunke N (2017) Who will win the IoT Platform Wars? Boston Consulting Group

Bretzke W-R, Stölzle W, Karrer M, Ploenes P (2002) Vom Tracking & Tracing zum Supply Chain Event Management; aktueller Stand und Trends. KPMG Consulting AG

Busse J, Humm B, Lübbert C, Moelter F, Reibold A, Rewald M, Schlüter V, Seiler B, Tegtmeier E, Zeh T (2014) Was bedeutet eigentlich Ontologie? Informatik Spektrum 37:286–297. https://doi.org/10.1007/s00287-012-0619-2

Büst R, Hille M, Michel J (2016) Vergleich von IoT-Backend-Anbietern; Crisp Vendor Universe / Q1 2016. Crisp Research

Cisco Systems (2014) The Internet of Things Reference Model. Cisco Systems

Crook S, MacGillivray C (2017) IDC MarketScape: Worldwide IoT Platforms (Software Vendors) – 2017 Vendor Assessment. International Data Corporation

Crook S, MacGillivray C, Salmeron A (2017) IDC's Worldwide IoT Software Platform Taxonomy, 2017. International Data Corporation

da Cruz MAA, Rodrigues JJPC, Al-Muhtadi J, Korotaev VV, Albuquerque VHC de (2018) A Reference Model for Internet of Things Middleware. IEEE IoT-J 5:871–883. https://doi.org/10.1109/jiot.2018.2796561

Dorschel J, Dorschel W, Föhl U, van Geenen W, Hertweck D, Kinitzki M, Küller P, Lanquillon C, Mallow H, März L, Omri F, Schacht S, Stremler A, Theobald E (2015) Wirtschaft. In: Dorschel J (Hrsg) Praxishandbuch Big Data. Wirtschaft – Recht – Technik. Springer Gabler, Wiesbaden, S 15–166

Doty DH, Glick WH (1994) Typologies As a Unique Form Of Theory Building: Toward Improved Understanding and Modeling. AMR 19:230–251. https://doi.org/10.5465/amr.1994.9410210748

Eckerson WW (2007) Predictive Analytics; Extending the Value of Your Data Warehousing Investment. The Data Warehousing Institute

Emeakaroha VC, Cafferkey N, Healy P, Morrison JP (2015) A Cloud-based IoT Data Gathering and Processing Platform. In: Awan I, Younas M, Mecella M (Hrsg) FiCloud 2015 / OBD 2015. IEEE, Piscataway, NJ, S 50–57

S. Lempert und A. Pflaum, *Funktionalität und Standardunterstützung von IoT-Software-Plattformen*, essentials, https://doi.org/10.1007/978-3-658-32672-2

Engels G, Hess A, Humm B, Juwig O, Lohmann M, Richter J-P, Voß M, Willkomm J (2009) Anwendungslandschaften serviceorientiert gestalten. In: Reussner R, Hasselbring W (Hrsg) Handbuch der Software-Architektur. dpunkt.verlag, Heidelberg, S 151–178

Fremantle P (2015) A Reference Architecture for the Internet of Things; Version 0.9.0 (October 20, 2015). WSO2

Gerber A (2018) Connecting all the things in the Internet of Things; A guide to selecting network technologies to solve your IoT networking challenges. IBM

Gluhak A, Vermesan O, Bahr R, Clari F, MacchiaMaria T, Delgado T, Hoeer A, Bösenberg F, Senigalliesi M, Barchetti V (2016) Deliverable D03.01; Report on IoT platform activities. UNIFY-IoT

Goodness E, Friedman T, Havart-Simkin P, Berthelsen E, Velosa A, Alaybeyi SB, Lheureux BJ (2018) Magic Quadrant for Industrial IoT Platforms. Gartner. https://www.gartner.com/document/3874883. Zugegriffen: 05. Juli 2018

Gregor S (2006) The Nature of Theory in Information Systems. MISQ 30:611–642

Gronau N (2001) Auswahl und Einführung industrieller Standardsoftware. PPS Management 6:14–18

Gronau N (2014) Enterprise Resource Planning; Architektur, Funktionen und Management von ERP-Systemen. De Gruyter Oldenbourg, München

Guinard DD, Trifa VM (2016) Building the Web of Things; With examples in Node.js and Raspberry Pi. Manning Publications, Shelter Island, NY

Guth J, Breitenbucher U, Falkenthal M, Leymann F, Reinfurt L (2016) Comparison of IoT Platform Architectures: A Field Study based on a Reference Architecture CIoT 2016. IEEE, Piscataway, NJ, S 1–6

Guth J, Breitenbücher U, Falkenthal M, Fremantle P, Kopp O, Leymann F, Reinfurt L (2018) A Detailed Analysis of IoT Platform Architectures: Concepts, Similarities, and Differences. In: Di Martino B, Li K-C, Yang LT, Esposito A (Hrsg) Internet of Everything. Algorithms, Methodologies, Technologies and Perspectives. Springer, Singapore, S 81–101

Hesse W (2002) Ontologie(n). Informatik Spektrum 25:477–480. https://doi.org/10.1007/s002870200265

Hodapp D, Remane G, Hanelt A, Kolbe LM (2019) Business Models for Internet of Things Platforms: Empirical Development of a Taxonomy and Archetypes. In: Ludwig T, Pipek V (Hrsg) WI 2019. universi, Siegen, S 1769–1783

Hoffmann J (2018) Informationssystem-Architekturen produzierender Unternehmen bei software-definierten Plattformen. Apprimus Verlag, Aachen

Hoffmann J, Heimes P, Retzlaff C (2019) IoT-Plattformen für das Internet of Production. Forschungsinstitut für Rationalisierung e. V, Aachen

IBM (2017) Internet of Things architecture overview. IBM. https://www.ibm.com/cloud/garage/files/iot-high-level.pdf. Zugegriffen: 15. November 2018

IBM (2018) IoT reference architecture. IBM. https://www.ibm.com/cloud/garage/architectures/iotArchitecture/reference-architecture. Zugegriffen: 16. November 2018

IoT Analytics (2017) List Of 450 IoT Platform Companies. IoT Analytics. https://iot-analytics.com/product/list-of-450-iot-platform-companies/. Zugegriffen: 23. Januar 2018

Jadhav AS, Sonar RM (2009) Evaluating and selecting software packages; A review. IST 51:555–563. https://doi.org/10.1016/j.infsof.2008.09.003

Klostermeier R, Haag S, Benlian A (2018) Digitale Zwillinge – Eine explorative Fallstudie zur Untersuchung von Geschäftsmodellen. HMD 55:297–311. https://doi.org/10.1365/s40702-018-0406-x

Krause T, Strauß O, Scheffler G, Kett H, Lehmann C, Renner T (2017) IT-Plattformen für das Internet der Dinge (IoT); Basis intelligenter Produkte und Services. Fraunhofer Verlag, Stuttgart

Krcmar H (2015) Informationsmanagement. Springer Gabler, Wiesbaden

Kuckartz U (2018) Qualitative Inhaltsanalyse. Methoden, Praxis, Computerunterstützung. Beltz Juventa, Weinheim, Basel

Kuhn T (2017) Digitaler Zwilling. Informatik Spektrum 40:440–444. https://doi.org/10.1007/s00287-017-1061-2

Lempert S, Pflaum A (2011a) Development of an Integration and Application Platform for Diverse Identification and Positioning Technologies. In: Heuberger A, Elst G, Hanke R (Hrsg) Microelectronic Systems. Circuits, Systems and Applications. Springer, Berlin, Heidelberg, S 207–217

Lempert S, Pflaum A (2011b) Towards a Reference Architecture for an Integration Platform for Diverse Smart Object Technologies. In: Höpfner H, Specht G, Ritz T, Bunse C (Hrsg) MMS 2011. Gesellschaft für Informatik e.V. (GI), Bonn, S 53–66

Lueth KL, Kotzorek J (2015) IOT PLATFORMS; The central backbone for the Internet of Things. IoT Analytics

MachNation (2017) MachNation Functional Architecture for IoT Platforms. MachNation

MachNation (2020) MachNation Functional Architecture for IoT Platforms. MachNation

Mayring P (2015) Qualitative Inhaltsanalyse; Grundlagen und Techniken. Beltz, Weinheim

McLaren TS, Vuong DCH (2008) A "genomic" classification scheme for supply chain management information systems. JEIM 21:409–423. https://doi.org/10.1108/17410390810888688

Microsoft (2018) Microsoft Azure IoT Reference Architecture; Version 2.1. Microsoft

Nickerson RC, Varshney U, Muntermann J (2013) A method for taxonomy development and its application in information systems. EJIS 22:336–359. https://doi.org/10.1057/ejis.2012.26

Pelino M, Hewitt A (2016) The Forrester Wave: IoT Software Platforms, Q4 2016; The 11 Providers That Matter Most And How They Stack Up. Forrester

Pelino M, Voce C (2017) Vendor Landscape: IoT Software Platforms. Forrester

Reidt A, Pfaff M, Krcmar H (2018) Der Referenzarchitekturbegriff im Wandel der Zeit. HMD 55:893–906. https://doi.org/10.1365/s40702-018-00448-8

SAP (2016) Reference Architecture for SAP IoT Solutions. SAP

Şen CG, Baraçlı H, Şen S (2009) A literature review and classification of enterprise software selection approaches. IJITDM 8:217–238. https://doi.org/10.1142/s0219622009003351

Singhal A (2001) Modern Information Retrieval: A Brief Overview. IEEE Data Engineering Bulletin 24:35–43

Steven M, Krüger R (2004) Supply Chain Event Management für globale Logistikprozesse; Charakteristika, konzeptionelle Bestandteile und deren Umsetzung in Informationssysteme. In: Spengler T, Voss S, Kopfer H (Hrsg) Logistik Management. Prozesse, Systeme, Ausbildung. Physica-Verlag Berlin Heidelberg, Heidelberg, S 179–195

Tan P-N, Steinbach M, Kumar V (2014) Introduction to Data Mining. Pearson, Harlow

Toivanen T, Mazhelis O, Luoma E (2015) Network Analysis of Platform Ecosystems: The Case of Internet of Things Ecosystem. In: Fernandes JM, Machado RJ, Wnuk K (Hrsg) Software Business. Springer, Cham, Heidelberg, New York, Dordrecht, London, S 30–44

Vogt A (2017a) IoT Platforms in Europe 2017; IoT Platforms for Analytics Applications, Device Development, Device Management, Rapid Deployment. Positioning of Microsoft. Pierre Audoin Consultants

Vogt A, Landrock H, Dransfeld H (2017b) Industrie 4.0 / IoT Vendor Benchmark 2017; An Analysis by Experton Group AG. Experton Group AG

Welsch A, Eitle V, Buxmann P (2018) Maschinelles Lernen. HMD 55:366–382. https://doi.org/10.1365/s40702-018-0404-z

Printed in the United States
By Bookmasters